Jürgen Tautz, geboren 1949, ist ein international anerkannter Bienenexperte und eremitierter Professor am Biozentrum der Universität Würzburg. Er wurde für die populäre Vermittlung wissenschaftlicher Inhalte vielfach ausgezeichnet.

Diedrich Steen, geboren 1963, arbeitet als Programmleiter in einem Buchverlag. In seiner Familie werden seit mehr als 100 Jahren Bienen gehalten. Er selbst imkert seit 20 Jahren.

Besuchen Sie uns auf www.penguin-verlag.de und Facebook.

Jürgen Tautz und Diedrich Steen

DIE WUNDERWELT DER BIENEN

Ein Rundgang durch die Honigfabrik

Die deutsche Originalausgabe erschien 2017 unter dem Titel
»Die Honigfabrik. Die Wunderwelt der Bienen – eine Betriebsbesichtigung«
beim Gütersloher Verlagshaus, Gütersloh.

Verlagsgruppe Random House FSC® N001967

2. Auflage 2020

Umschlag: Hafen Werbeagentur
Umschlagmotiv: Westend61 / GettyImages
Druck und Bindung: GGP Media GmbH, Pößneck
Printed in Germany
ISBN 978-3-328-10361-5
www.penguin-verlag.de

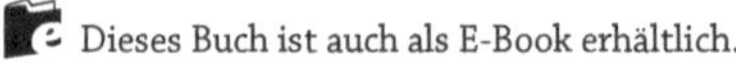
Dieses Buch ist auch als E-Book erhältlich.

Gewidmet meinen Kindern Mona, Silke und Meiko
sowie meinen Enkeln Anton und Oskar
(Jürgen Tautz)

Dirk Steen zum 80. Geburtstag
(Diedrich Steen)

INHALT

EINLEITUNG

Es könnte jetzt so schön sein. Abends nach der Arbeit noch ein paar Schritte hinters Haus, unter die Eichen, zu den Völkern. Den letzten Heimkehrerinnen zuschauen, wie sie taumelnd herabsinken und nektarschwer auf die Flugbretter plumpsen. Eine kurze Begrüßung durch eine Wächterin, dann hinein in den dunklen Stock, wo schon die Schwestern warten, um die kostbare Fracht aufzunehmen.

Und dann dieser Duft! Ende April blühen die Kirschbäume noch, Löwenzahn, Apfel, Pflaume, Birne – alles entfaltet jetzt seine Nektar versprechende Pracht oder steht kurz davor. Nach guten Flugtagen riecht es bei den Bienen wie an einer Zuckerwattebude auf dem Jahrmarkt. Das warme, süße, schwere Aroma eines nektarreichen Tages atmen, dazu das tieftönende Summen aus den Kästen hören. Alles ist gut.

Aber nichts ist gut, und ich mache mir Sorgen. Zuerst wollte der Winter einfach nicht zum Winter werden. Um Weihnachten herum noch zweistellige Tagestemperaturen, kein Nachtfrost. Die Königinnen hörten nicht auf, Eier zu legen. Die daraus schlüpfenden Larven mussten gefüttert werden. Die Zahl der Bienen in den Völkern blieb zwar hoch, aber der Futtervorrat für den Winter schmolz schnell. Wird er bis zur Weidenblüte im März reichen? Einige Imkerfreunde berichteten schon im Februar von verhungerten Völkern. Habe auch ich im Spätsommer zu wenig eingefüttert? Es gibt für Imkerinnen und Imker keinen beschämenderen Anblick als ein verhungertes Volk.

Anfang April dann endlich ein paar warme Tage. Die Futterlage verbessert sich, die Salweide blüht, etwas

Nektar kommt herein, die Königin legt jetzt bis zu 1.200 Eier täglich. Sie wird diese Zahl noch auf bis zu 2.000 Eier steigern. Jetzt muss das Wetter halten! Doch dann: Polare Kaltluft. Seit zehn Tagen schon. Werden die vielen Larven, die das Volk schon pflegt, durchkommen? Können die Ammenbienen sie ausreichend füttern und das Brutnest wärmen? Es friert nachts wieder! Wird der Futtervorrat reichen?

Am 1. Mai endlich die Wende. Das Hochdruckgebiet kommt, der Wetterwechsel ist angekündigt. Es ist Sonntagmorgen 10.00 Uhr, blauer Himmel, das Thermometer zeigt 12 Grad: In zwei Stunden werden es 15 Grad sein. Dann wird es für die Nektarsammlerinnen kein Halten mehr geben. Es kann losgehen!

So in etwa, liebe Leserinnen und Leser, haben im Frühjahr 2016 Imkerinnen und Imker an vielen Orten in Deutschland gedacht und gefühlt. Ja – gefühlt, denn der Umgang mit Bienen ist eine leidenschaftliche, eine emotionale Angelegenheit. Und das nicht nur in der aktuellen Wahrnehmung in den Medien, wenn es um Berichte vom Bienensterben und dem darauf unmittelbar bevorstehenden Untergang der Menschheit geht. Wer anfängt, Bienen zu halten und auch nach drei Jahren, wenn alle Anfängerdramen durchlebt sind, noch Bienenvölker hat, der hat keine Bienen mehr, sondern umgekehrt: Den haben die Bienen! Es gibt Imker, die mit über 100 Jahren noch Völker führen (DBJ 1/2017) – notfalls mit geländegängigem Rollator und dem auch schon etwas in die Jahre gekommenen Sohn als Sklaven zum Heben für die schweren Kästen.

Bienen zu halten ist so faszinierend, weil Bienen selbst die, die schon Jahrzehnte mit ihnen umgehen, immer noch zu überraschen wissen. »Das haben sie noch nie gemacht!« ist ein viel gehörter Ausdruck des Erstaunens, wenn Imker von ihren Erfahrungen berichten. Jedes Bienenvolk hat seinen eigenen Charakter, jedes Bienenjahr seinen eigenen Verlauf. Mit Bienen wird es nie langweilig! Der komplexe Organismus eines Bienenvolkes ist wie ein Buch, das man in jedem Jahr neu lesen kann und das bei jedem Lesen immer wieder andere, spannende Geschichten erzählt.

Wir möchten Sie mitnehmen in die Welt dieser Geschichten. Wir, das sind Diedrich Steen und Jürgen Tautz. Der eine, Verlagslektor und seit 20 Jahren Imker, der andere Doktor der Biologie, seit 27 Jahren Professor an der Universität Würzburg und einer der international renommiertesten Bienenforscher. Der eine wird Ihnen die Dinge erzählen, die er immer erzählt, wenn er auf Fragen antwortet wie: »Sag mal, ich hab' gehört, du hast Bienen. Wie ist das eigentlich mit ....?« Der andere wird dafür sorgen, dass das Erzählte auch stimmt. Vor allem aber wird er das Praxiswissen des Imkers auf den spannenden Hintergrund von Wissenschaft und Forschung stellen. Diese Abschnitte erkennen Sie am Mikroskop vor den Überschriften und an der Punktierung am Seitenrand.

Gemeinsam laden wir Sie zu einer »Betriebsbesichtigung« ein, zu einem Gang durch die Honigfabrik. Wir werden die Fabrikhalle und die Produktionsmittel, das Personal, die Chefetage und die Produkte kennenlernen. Wir werden erfahren, wer wie mit wem zusammenarbeitet (oder auch nicht), wir werden von Faulpelzen und Schnorrern, aber auch von eifrigen Spezialisten hören und eintauchen in eine Welt voller verblüffender Regelwerke. Denn auch wenn es beim Blick in ein Bienenvolk so aussieht, als bestünde das Leben darin vor allem in einer anarchischen Krabbelei – Bienen wissen, was sie tun. Sie haben einen Plan, den sie mit erstaunlichem Geschick, faszinierenden Fähigkeiten und in beeindruckender Teamarbeit umsetzen.

Wir wählen das Bild der Honigfabrik, weil Bienenvölker aus der Perspektive des Imkers und der Imkerin genau das sind. Betriebe mit bis zu 50.000 Mitarbeiterinnen in der Honigproduktion und ein paar wenigen männlichen Saisonkräften. Bienen sehen das sicher etwas anders. Würde man eine fragen, ob sie in einer Honigfabrik tätig sei, würde sie vermutlich verständnislos mit den Fühlern wackeln. Honig zu produzieren ist für Bienen nicht Sinn und Ziel ihres Daseins. Sie wollen das Überleben und die Vermehrung ihres Volkes sichern. Honig ist dafür nur das Mittel, der Energielieferant und der Treibstoff. Erst Imker und Imkerinnen machen den Honig zum Zweck eines Bienenvolkes und Bienen damit zu Mitarbeiterinnen einer Honigfabrik.

Ist das unfair? Ein verwerflicher Eingriff in die natürlichen Abläufe eines Lebewesens, dem gegenwärtig so viel Sympathie zuteil wird? Es gibt Menschen, die das so sehen. Aber auch für Bienen gilt das, was für die meisten Tiere gilt, die sich in der Obhut des Menschen befinden: Wir haben sie zu Nutztieren gemacht. Bienen lassen sich nutzen, lassen sie sich aber auch *benutzen*? Oder sind es nicht vielmehr der Imker und die Imkerin, die sich den Bienen anpassen und deren Bedürfnisse sehr gut kennen müssen, wenn die Honigfabrik Erfolg haben soll? Wir werden sehen …

Ein paar Worte noch zur Absicht und zum Aufbau des Folgenden. Dieses Buch will erzählen, wie es in einem Bienenvolk so zugeht, und einen Eindruck vom spannenden Gesamtzusammenhang eines Bienenvolkes vermitteln. Es ist darum keine Imkerschule, mit der man die Bienenhaltung erlernen kann. Natürlich hoffen wir, dass Anfänger und Anfängerinnen und vielleicht sogar mancher schon erfahrene Imker hier Anregendes und Unterstützendes für die Ausübung ihres Hobbys finden. Vor allem aber soll dieses Buch all denen ein Verständnis von Bienen vermitteln, die sich für diese wunderbaren Insekten interessieren, auch weil ihnen deren Produkt, der Honig, so gut schmeckt.

Damit sich dieses Verständnis einstellt, sollten die Kapitel dieses Buches tatsächlich der Reihe nach gelesen werden, denn sie bauen aufeinander auf. So ist das Kapitel über das Schwärmen der Bienen spannender, wenn man vorher schon erfahren hat, wozu die Waben dienen und wie Bienen miteinander sprechen. Wer trotzdem hin und her springen möchte, findet am Ende ein Register, das erschließt, wo Informationen zu einzelnen Begriffen oder Sachverhalten zu finden sind. Der Hinweis »Bild« weist zusammen mit einer Nummer auf eine Abbildung im Bildteil dieses Buches hin, den Sie am Ende dieses Buches finden. Hier wird manches, von dem im Folgenden erzählt wird, etwas anschaulicher.

Und nun: Herzlich willkommen in der Honigfabrik und in der Wunderwelt der Bienen!

I KAPITEL I

FENG SHUI IN DER FINSTERNIS – DAS BETRIEBSGEBÄUDE UND DIE PRODUKTIONSMITTEL DES BIENENVOLKES

1. Vom Baum zur Beute

Beräuberte Höhlen

Bienen wohnen in Höhlen, jedenfalls dann, wenn sie einer europäischen Rasse angehören. Wir Menschen mussten im Verlauf der Evolution erst raus aus den Höhlen, um als *Homo sapiens*, als angeblich kluge Menschenartige also, mehr oder weniger gut funktionierende Gemeinwesen zu bilden. Bienen ist das in ihren Höhlen in Felswänden, unter Steinen oder in hohlen Bäumen bereits gelungen, lange bevor der aufrechte Gang erfunden war. Eine Biene, die schon vor 45 Millionen Jahren von Blüte zu Blüte geflogen ist, hat man in einer Versteinerung aus dem Eozän gefunden. Man geht davon aus, dass Urformen der heute bekannten Bienen bereits den Dinosauriern nachgesetzt haben, wenn diese auf ihren Behausungen herumtrampelten.

Als vor etwa 1,7 Millionen Jahren dann die ersten Lebewesen der Gattung *Homo* in der Weltgeschichte auftraten, werden diese ziemlich schnell verstanden haben, dass die Bienen in ihren Höhlen einen köstlichen Schatz hüteten. Ein so kalorienreiches, vor allem aber ein so süßes Lebensmittel wie den Honig gab es in der Welt der Menschen damals nirgendwo sonst.

Wie man rankommt, hat man sich vielleicht von den Bären abgeguckt: Höhle aufreißen, Waben rausholen und nichts wie weg, bevor man vollkommen zerstochen ist. Denn auch die Bienen damals waren stachelbewehrt und verteidigten ihr Zuhause! Aber wer Honig will, der muss auch etwas aushalten können – und bereit sein, Risiken einzugehen. Es gibt eine steinzeitliche Zeichnung in den sogenannten »Spinnenhöhlen« bei der Gemeinde Bicorp in Spanien, die offenbar zeigt, wie eine Honigsammlerin sich an einer Art Strickleiter abseilt, um an den kostbaren Schatz eines Bienenvolkes zu kommen. Wie das ausgesehen haben könnte, kann man noch heute z.B. im Biosphärenreservat Nilgiris in Südindien beobachten. Die asiatischen Bienen bauen hier, anders als die europäischen, pro Volk eine einzelne frei hängende Wabe unter einem Felsvorsprung. Die Kattunayakan, ein dort lebendes indigenes Volk, ernten Honig, indem sich die Honigsammler an Bambusseilen abseilen und die Waben mit hakenbewehrten Stöcken abbrechen (Tourneret 2017, Routes, 57ff.).

Das ist nicht nur ziemlich halsbrecherisch, eine solche Art der Honigernte zerstört den Wabenbau eines Volkes und damit in der Regel auch das Volk selbst. Zumindest in den Gegenden der Welt, in denen es winterliche Vegetationspausen gibt. Denn Bienen benötigen den Honig hier auch als Nahrungsvorrat für den Winter. Honig ist die Energiereserve, die den Bienen die Möglichkeit verschafft, die Wärme zu erzeugen, die sie in der kalten Jahreszeit am Leben erhält. Wenn unsere steinzeitlichen Vorfahren den Völkern ihren Honig raubten, dürfte es darum in den meisten Fällen um das Volk geschehen gewesen sein. Ein ausgeplündertes Volk mit weitgehend zerstörtem Wabenbau konnte nicht überleben.

Erste imkerliche Betriebsweisen

Es hat darum nicht allzu lange gedauert, bis Menschen begriffen: Wer regelmäßig Honig essen will, der darf nicht nur stehlen, der muss auch etwas anbieten. Eine Höhle nämlich. So fing man an, aus Ton, Baumrinden oder aus mit Lehm bestrichenem Strohgeflecht im Wortsinne handliche Höhlen zu bauen, in die Bienenschwärme einziehen konnten. Das war noch keine Imkerei, wie sie heute betrieben wird, aber doch schon eine imkerliche »Betriebsweise«. Menschen suchten nicht mehr einfach Bienenwohnungen und stahlen den Bienen den Honig. Sie lockten die Bienen jetzt an bestimmte Orte, indem sie z.B. Tonröhren in Bäume dicht beieinander hängten. Bienenschwärme auf der Suche nach neuem Wohnraum fanden die leeren Tonröhren und zogen ein. Schon hatte der Imker ein neues Volk. Bezogen genug Schwärme die aufgehängten Röhren, konnte er bei einzelnen Völkern sogar darauf verzichten, den Honig zu ernten, und sie überwintern lassen. Im folgenden Jahr würden diese Bienen früh schwärmen und so dazu beitragen, dass die Zahl seiner Völker schnell wieder wuchs. Im Spätsommer konnte der Imker dann wieder von einem Teil der Bienenvölker den Honig ernten, den anderen Teil überwinterte er. Und im folgenden Jahr begann der Zyklus von neuem.

Eine imkerliche Betriebsweise, die diesem beschriebenen Ablauf folgt, ist die Korbimkerei. Sie war in Europa seit dem Mittelalter noch bis Ende des 19. Jahrhunderts weit verbreitet. Korbimker hatten es dabei nicht nur auf den Honig, sondern auch auf das Wachs der Bienen abgesehen. Dieses war zur Herstellung von Kerzen vor allem in Kirchen und Klöstern heiß begehrt. Heute wird die Korbimkerei noch in der Lüneburger Heide betrieben – allerdings von sehr wenigen Imkern und Imkerinnen. Die Korbimker starten im Frühjahr mit wenigen Völkern. Diese wachsen ab Februar allerdings sehr schnell, d.h. die Zahl der Bienen in den Körben nimmt zu. Bald wird es darin eng und der Schwarmtrieb der Bienen erwacht. Verlässt ein Schwarm den Korb, dann fängt der Imker ihn und quartiert die eingefangenen Bienen in einem leeren Korb ein, den der Schwarm in der Regel gerne annimmt. Schon hat der Imker ein neues Volk. So geht das von Ende April bis etwa Mitte Juli einige Male. Im Spätsommer, wenn die Heide blüht, hat der Heideimker ein Vielfaches an Völkern im Vergleich zum Frühjahr. Mit denen werden nun die Bienenzäune, überdachte »Regale«, die in den Heideflächen stehen, bestückt. Hier sammeln die Bienen den Heidehonig. Wenn die Heide abgeblüht ist, kann dieser geerntet werden.

Diese Ernte war in der Vergangenheit für die meisten Bienen recht oft eine todbringende Angelegenheit. Der Imker hob eine kleine Grube aus und verbrannte darin einen schwefelgetränkten Papierstreifen. Über die Grube und den aufsteigenden Schwefeldampf wurde der Bienenkorb gestellt. In kurzer Zeit waren die Bienen erstickt und die Honigwaben konnten herausgebrochen werden. Allerdings: Die Imker stellten den honigvollen und bienenbesetzten Korb in der Regel zuerst auf einen umgedrehten leeren und stießen diese Konstruktion hart auf den Boden. Die meisten Bienen fielen nun in den leeren Korb. Mit solchen wabenlosen Bienen konnten dann die Bienenvölker, die überwintern sollten, verstärkt werden, während die, die nicht von den Waben gefallen waren, abgeschwefelt wurden.

In jedem Fall wird auch bei dieser Art und Weise, mit Bienen umzugehen, der Wabenbau eines Volkes zerstört und das Volk selbst aufgelöst. Solange man auch das Wachs der Bienen ernten wollte, war das zumindest aus der Sicht der Imker kein Problem. Aber ab Mitte des 19. Jahrhunderts wurde das Rohmaterial für Kerzen als Handelsgut immer uninteressanter. Als es Anfang des

19. Jahrhunderts dem französischen Chemiker Eugène Chevreul gelang, Fettsäuren aus tierischen Fetten zu gewinnen, war bald das Stearin erfunden, der Stoff, aus dem die meisten Kerzen noch heute gemacht werden. Dann kam die Entwicklung des Paraffins hinzu und Ende des 19. Jahrhunderts erhellten schließlich Elektrizität und Glühbirnen die ersten Häuser. Gleichzeitig verlor auch der Honig als Wirtschaftsgut im 19. Jahrhundert immer mehr an Bedeutung. 1801 hatte Franz Carl Achard im schlesischen Cunern die erste Fabrik der Welt gegründet, die aus Rüben Zucker gewann. Wer Speisen süßen wollte, hatte bis dahin nur importierten und darum teuren Rohrzucker oder den mengenmäßig knappen und darum teuren Honig verwenden können. Bald schon konnte man nun auf den wesentlich billigeren raffinierten Zucker aus der Zuckerrübe zugreifen. War »Süße« bisher ein Luxus gewesen, den es nur in begüterten Haushalten – oder eben bei Imkern – regelmäßig gab, so wurde sie nun zu einem allgemein zugänglichen Konsumgut.

Imker mussten sich dieser neuen Situation anpassen. Wollten sie das Wachs aus den Völkern nicht wegwerfen, dann mussten sie eine Möglichkeit finden, den Honig zu ernten, ohne den Wabenbau eines Volkes zu zerstören. Und wer den Preisverfall des Honigs ausgleichen wollte, brauchte größere Honigernten, um mehr verkaufen zu können.

Es würde hier zu weit führen, die Entwicklung, die nun in Gang kam, nachzuzeichnen, zumal sie aus heutiger Sicht auch etwas chaotisch verlief. Denn das 19. Jahrhundert war auch das Jahrhundert, in dem die wissenschaftliche Naturbeobachtung ihren Siegeszug antrat. Die systematische Beobachtung der Abläufe in einem Bienenvolk war ein Teil der Bewegung. Es entstanden zahlreiche Vereine und Vereinigungen, die sich mit der wissenschaftlichen Erforschung der Bienen und der Verbesserung der imkerlichen Praxis beschäftigten. Vieles, was damals als wissenschaftlich bewiesen behauptet wurde, erwies sich später zwar als Humbug. Und manche Erfindung, die die imkerliche Praxis revolutionieren sollte, verschwand schnell in der Mottenkiste. Zwei Neuentwicklungen aber setzten sich durch und mündeten in die moderne Imkerei, wie wir sie heute kennen: Sie führten zur Bienenhaltung in Bienenkästen mit beweglichen Rähmchen, von Imkern »Beuten« genannt (vgl. Bild 1).

Die Sache gewinnt Raum und bekommt einen Rahmen

Schon Korbimker hatten beobachtet, dass Bienen Hilfen und Führung annehmen, wenn sie ihre Waben bauen. Steckte man Holzstäbe so durch die Wände eines Bienenkorbes, dass sie an einer Seite hinein und an der anderen wieder heraustraten, sodass im Hohlraum des Korbes so etwas wie Balken entstanden, dann hängten die Bienen die Waben daran auf. Sie begannen den Wabenbau an den Stäbchen und zogen die Wabe von dort nach unten weiter. Hatte der Imker seine Stäbchen schön parallel oben im Korb angebracht, dann bauten die Bienen die Waben parallel nach unten, ohne Kurven und Wachsbrücken zwischen den einzelnen Waben und mit geraden sogenannten »Wabengassen« dazwischen. Aus Körben mit einem solchen Wabenbau konnte man dann sogar einzelne volle Honigwaben brechen, ohne die anderen Waben zu ruinieren.

Zudem hatten findige Korbimker begonnen, rechteckige, stapelbare Bienenkörbe zu entwickeln. Bienenwohnungen konnten nun Etagen bekommen. Jede Etage war mit Hilfe eines Brettes von der anderen getrennt. In jedem Brett befand sich aber ein Loch, durch das die

Bienen hindurchschlüpfen und zwischen den Räumen wechseln konnten. Nur ganz unten gab es ein Flugloch, durch das die Bienen nach draußen und wieder in den Stock kamen.

Nun gebrauchen Bienen die Wabe vor allem für zwei Dinge: In die Zellen der Wabe legt die Königin Eier, aus denen die jungen Bienen werden. Und zweitens lagern in den Zellen die Nahrungsvorräte – Honig und Blütenpollen. Wir werden später noch mehr darüber hören. Der Inhalt einer Wabe wird von Bienen zunächst in folgender Weise »organisiert«: In der Mitte befindet sich eine Fläche, in der die Zellen Brut beherbergen. Darüber gibt es einen schmalen »Pollenkranz«, wie Imker sagen, Zellen also, in denen Pollen untergebracht ist. Darüber wiederum befindet sich ein »Honigkranz«, Zellen mit Honig. Auf diese Weise haben die Bienen die Nahrung da, wo sie am meisten gebraucht wird: bei der Brut, die gefüttert werden muss (vgl. Bild 2). Wenn nun im Laufe der Zeit immer mehr Honig eingetragen wird, wandert das Brutnest – also die Brutflächen auf den nebeneinander hängenden Waben – nach und nach weiter nach unten, während darüber der Honigkranz immer breiter wird. Für unsere Imker mit den Etagenkörben bedeutete das: Entwickelte sich ein Volk gut, dann konnte man mit einem Raum anfangen und, während das Brutnest nach unten wanderte, den Kasten mit einem neuen Raum nach unten erweitern. Irgendwann war so viel Honig eingetragen, dass die Waben des oberen Raumes nur noch Honig enthielten. Dieser Honigraum wurde jetzt abgenommen, ohne dass der Imker das ganze Volk in Panik versetzen musste.

Es dauerte nicht lange, bis Stäbchentechnik und Etagenbauweise kreativ zusammengeführt wurden. Man baute flache Holzkästen, auf die oben ein Stäbchenrost gelegt wurde. Diese Kästen konnten gestapelt werden. Ganz unten bekamen sie ein Bodenbrett mit Flugloch. Immer, wenn der obere Kasten mit Honig gefüllt war, konnte der Honig geerntet werden. Der leere Kasten wurde dem Volk zurückgegeben, indem man ihn einfach als ersten auf das Bodenbrett stellte.

Entstanden war so ein hölzerner Bienenkasten mit mehreren Räumen, oder im imkerlichen Fachjargon: eine »Mehrraumbeute« mit geführtem Wabenbau. In diesen konnte schonender geimkert werden als in einem einzelnen Korb, weil man zur Honigernte nicht mehr das ganze Volk stören musste. Ein Problem blieb jedoch: Auch hier mussten die Waben von den Holzstäbchen und von den Wänden der Kästen geschnitten werden, wenn man den Honig ernten wollte.

Die Lösung für dieses Problem fanden dann Mitte des 19. Jahrhunderts der schlesische Pfarrer Johann Dzierzon und der aus Thüringen stammende Baron August von Berlepsch. Dzierzon legte keinen Rost auf seine Mehrraumbeuten, sondern lose Holzstäbchen. Jetzt konnte er die Waben von den Wänden schneiden, sie so lösen und an den Stäbchen hängend einzeln entnehmen. Berlepsch wollte die Schneiderei ganz vermeiden. Er ergänzte die Holzstäbchen um zwei Seiten- und eine Bodenleiste. Jetzt konnte er einen Holzrahmen in seine Kästen hängen, in den hinein die Bienen die Waben bauten, den sie aber – meistens – nicht mit der Seitenwand des Kastens verbanden. Erfunden waren das »Rähmchen« und damit die bewegliche Wabe!

Moderne Fabrikgebäude in der Honigproduktion

Bienenwohnungen mit mehreren Räumen und beweglichen Rähmchen, in die hinein die Bienen die Waben bauen – mit diesen beiden Erfindungen waren die

Grundsteine auf dem Weg zur Imkerei, wie sie heute betrieben wird, gelegt. Jetzt ging es darum, das Gefundene zu verbessern. Wie groß durften oder mussten die Bienenwohnungen sein, damit sich ein Volk darin optimal entwickelte? Welche Fläche musste ein Rähmchen idealerweise haben? Wie sollten Bienenkasten und Rähmchen bemessen und konstruiert sein, damit sie für die Bienen ein geeigneter Lebensraum waren und zugleich leicht und wirtschaftlich beimkert werden konnten?

Ein wildes Experimentieren begann, das im Grunde bis in die Gegenwart kein Ende gefunden hat, stets aber begleitet war von nicht selten wüsten Beschimpfungen gegen alle, die es nicht so machten wie man selbst. Gegenwärtig gibt es weltweit etwa 80 verschiedene Rähmchenmaße. Und zu jedem dieser Rähmchenmaße gibt es nicht nur ein passendes Beutensystem, sondern auch Imker und Imkerinnen, die »ihren« Beutentyp und die damit einhergehende Betriebsweise für die allein seligmachende Art des Imkerns halten. Des Streitens ist also bis heute kein Ende.

International durchgesetzt hat sich aufs Ganze gesehen das Imkern in sogenannten »Magazinen«. Ein Magazin besteht aus einem Bodenbrett mit Flugloch. Darauf stellt man eine sogenannte »Zarge« und obendrauf kommt ein Deckel. Eine Zarge ist eine Kiste, die oben und unten offen ist und in die hinein die Rähmchen gehängt werden können. Magazine werden meistens entweder aus Holz oder aus Kunststoff gefertigt. Zwei Rähmchenmaße haben sich hierzulande durchgesetzt. Das sogenannte »Deutsch-Normalmaß« mit 37,0 x 23,3 cm Kantenlänge und das »Zandermaß« mit einer Kantenlänge von 42,0 x 22,0 cm. Wer mit dem erstgenannten Maß imkert, hat gewöhnlich elf Rähmchen in einer Zarge, wer mit Zander arbeitet, in der Regel neun.

Im Deutsch-Normalmaß haben die Bienen je Zarge also etwas mehr Fläche zur Verfügung, dafür müssen Imker und Imkerinnen aber auch mehr Rähmchen handhaben.

Mit Zargen lassen sich nun die Honigfabriken bauen, um die es hier geht. Das Pfiffige an der Magazinimkerei ist nämlich, dass sich die Bienenwohnungen leicht vergrößern lassen. Hat ein Volk z.B. in einer Zarge überwintert, dann kann im Frühjahr, wenn das Volk größer wird, einfach eine weitere Zarge mit Rähmchen aufgestellt werden. Wenn dann die Blüte einsetzt und die Bienen Honig eintragen, kommt noch eine Zarge obendrauf, und wenn es ganz gut läuft und der Imker groß genug ist, einfach noch eine. In vier Zargen können im Juni dann schon bis zu 40.000 Bienen ihrer Tätigkeit nachgehen.

Obwohl aber die Völker riesig sind und die Wabenflächen enorm, bleibt dem Imker nichts verborgen. Denn der zweite Kniff des Imkerns in Magazinen ist, dass man die Zargen ja auch wieder abnehmen kann. So können Imkerinnen und Imker zu jeder Zeit jedes Rähmchen eines Volkes anschauen: Deckel ab, und die Rähmchen der obersten Zarge sind erreichbar, oberste Zarge ab, und die Rähmchen der nächsten Zarge können gezogen werden usw.

So haben also das Interesse und die Findigkeit der Menschen die Honighöhle in der Felswand zur Honigfabrik im Magazin entwickelt. Stand am Anfang der Beziehung zwischen Bienen und Menschen das zerstörerische Plündern eines Bienenvolkes, so ermöglicht die Magazinimkerei seine dauerhafte Pflege – und Nutzung. Möglich wurde dies, weil es gelungen ist, das wichtigste Betriebsmittel der Honigfabrik für den Imker zugänglich zu machen, ohne es zu zerstören: die Wabe.

2. Nicht nur Lagerraum und Kinderstube – Netzwerktechnologie Wabe

Bienen bauen ihr Betriebsmittel mit echter Schweißarbeit. Ab einem Alter von etwa zehn Tagen ist eine junge Arbeitsbiene in der Lage, aus acht Drüsenfeldern auf der Bauchseite des Hinterleibs kleine Wachsplättchen auszuscheiden. Wird die Biene älter, bilden sich die Wachsdrüsen zurück und die Biene wendet sich anderen Aufgaben im Stock zu. Allerdings: Auch zurückgebildete Wachsdrüsen können wieder reaktiviert werden. Im Schwarm z.B., wenn es darum geht, einen ganz neuen Wabenbau zu errichten, können auch ältere Bienen sich wieder den Bautrupps anschließen. Davon wird später noch ausführlicher die Rede sein.

Das Rohmaterial der Wabe, die kleinen ausgeschiedenen Plättchen, besteht aus mehr als 300 chemischen Einzelsubstanzen. Bei fast allen handelt es sich dabei um sogenannte Kohlenwasserstoffverbindungen [Hepburn 1986, Fröhlich et al. 2000)]. Einige dieser Moleküle sind klein und leicht flüchtig. Sie sorgen dafür, dass Wachs so angenehm riecht. Der überwiegende Teil der Wachsmoleküle besteht aber aus längeren Kohlenwasserstoffketten. Manche davon können bis zu 54 Kohlenstoffatome enthalten! Diese lang gestreckten großen Moleküle bedingen in ihrer räumlichen Anordnung und Vernetzung im Wesentlichen die physikalischen Eigenschaften des Wachses. Sind die Moleküle parallel angeordnet, liegt das Wachs nahezu kristallin vor und besitzt dabei einen energetisch günstigen Zustand.

Das von den Bienen ausgeschwitzte Wachs ist zunächst aber »amorph«, d.h., dass die Moleküle ungeordnet durcheinanderliegen. Solches Wachs ist schwer verbaubar und darum müssen die Bienen es bearbeiten. Das machen sie, indem sie dem Wachs Enzyme beigeben, es kneten und erwärmen. Bienen nehmen ihren schwitzenden Kolleginnen die Wachsplättchen also mit den Mundwerkzeugen ab, kauen die Plättchen einmal richtig durch und fügen Enzyme hinzu, die die langen Molekülketten spalten. Dadurch wird das Material geschmeidiger. Gleichzeitig sorgen sie dafür, dass es auf den Bauplätzen zwischen 30 und 40 Grad warm ist. Denn auch Wärme macht Wachs weicher und leichter bearbeitbar. Allerdings: Gerade darin liegt für die Bienen auch ein Problem.

Man nehme einen Verbundwerkstoff

Wachs ist ein sehr »lebendiger« Baustoff. Es altert nicht nur, indem flüchtige Bestandteile verschwinden. Es verändert seine Konsistenz auch aufgrund von Temperaturschwankungen: Bei Kälte wird es spröde und brüchig und bei zu großer Wärme flüssig. Gerade zu weiche Waben aber können eine für das Bienenvolk zentrale Funktion nicht mehr erfüllen: Sie sind nicht mehr in der Lage, als Vorratsspeicher zu dienen, weil sie das Honiggewicht nicht mehr tragen können. Bienen haben darum einen Trick entwickelt, wie sie die mechanische Belastbarkeit der Wabe erhöhen können: Sie machen aus Wachs und Propolis eine Art »Bienen-Spannbeton«. Propolis, das sogenannte »Kittharz«, von dem im dritten Kapitel noch ausführlicher die Rede sein wird, ist ein von Bienen aus Baumharzen gebildetes Material. Sie bringen diesen Fremdstoff mit dem Wachs zusammen und erhalten so einen echten Verbundwerkstoff. Die Menge des eingesetzten Propolis und dessen genaue Verteilung im Wachs werden dabei von den Bienen an die jeweiligen Notwendigkeiten angepasst. In heißem Klima wird mehr Propolis verbaut als in kühleren Klimaten.

Bienen verstärken dabei einerseits die oberen Ränder der Wabenzellen mit einer dünnen Auflage aus Propolis.

Auf diese Weise bilden die Zellränder ein stabilisierendes, in sich zusammenhängendes Netz. Wie massiv die Behandlung durch die Bienen die Eigenschaften dieser Stege beeinflusst, kann man zeigen, indem man die Biegefestigkeit von Stegen, die die Bienen errichtet haben, vergleicht mit der von Stegen, die aus geschmolzenem Stegmaterial in entsprechenden Gießformen hergestellt wurden. Die bienengebauten Stege sind deutlich starrer als die von Forschern aus dem gleichen Material erstellten »nachgemachten«. Es kommt für die Stabilität dieser Stege also offenbar nicht nur auf das Material an, sondern auch auf die Art und Weise, wie es verbaut wird. Bienen geben ihm eine innere Struktur, die wir im Experiment nicht nachbauen können. Sie haben da einen Trick, den wir noch nicht kennen.

Sehr wohl bekannt ist uns aber ein zweiter Trick, mit dem Bienen ihrem Wabenwerk Stabilität geben. Propolis wird nicht nur auf die Zellränder aufgebracht, es wird auch in die Wände der Zellen eingelagert, und zwar nach einem Muster, das wir Menschen als Ingenieurkniff bei der Herstellung von Spannbeton anwenden. Die Gefahr, infolge starker Temperaturschwankungen zu reißen, wird bei Spannbeton dadurch deutlich reduziert, dass man in den noch flüssigen Beton kurze Stücke Stahldraht einrührt, die dann ungeordnet im Beton liegen und diesem Stabilität gegen Dehnungsrisse verleihen. Exakt so gehen die Bienen vor. Das Wachs entspricht dem Beton und den Stahldrahtstücken entsprechen winzige Propoliswürstchen. Die räumliche Verteilung dieser Mini-Würstchen in den hauchdünnen Wachswänden der Wabenzellen lässt sich mit der aufwändigen sogenannten Raman-Spektroskopie zeigen (Strehle u.a. 2003). Hierbei wird auch sichtbar, dass sich Wachs und Propolis nicht vermischen, sondern als Substanzen getrennt bleiben.

Durch die Verwendung von Propolis und Wachs als Verbundwerkstoff erreicht die Bienenwabe eine mechanische Belastbarkeit, die etwa der eines Joghurtbechers entspricht: In 30 Gramm zur Wabe verbautem Wachs finden 2 Kilogramm Honig einen sicheren Lagerplatz.

Die Wabe als Kinderstube

Und nicht nur der Honig ist in den Waben gut aufgehoben. In den Zellen wächst der Nachwuchs heran. Die Wabe ist die Kinderstube eines Bienenvolkes. Die Königin setzt auf den Boden einer Zelle ein Ei ab. Sie »bestiftet« die Zelle, wie Imker sagen, denn ein Bienenei sieht aus wie ein klitzekleiner Stift (vgl. Bild 3). Gepflegt und von Ammenbienen mit Futter vorsorgt wird nach drei Tagen aus diesem Ei eine Larve, die nach weiteren sechs Tagen von den brutpflegenden Bienen unter einem Wachsdeckel eingeschlossen wird und sich verpuppt. 21 Tage nach der Eiablage schlüpft aus der Zelle eine Arbeiterin. Allerdings gibt es auf der Wabe nicht nur Zellen für Arbeiterinnenbrut, sondern auch solche für Drohnen, für die männlichen Bienen, von denen noch ausführlich die Rede sein wird. Drohnen sind etwas größer als Arbeiterinnen und darum ist auch der Durchmesser der Zellen, in denen sie heranwachsen, größer als der der Arbeiterinnenzellen. Es gibt darum auf Bienenwaben, wenn man die Bienen frei bauen lässt, immer zwei Zellenarten: sehr viele kleinere Zellen für Arbeiterinnenbrut und einige kleinere Flächen mit größeren Zellen für Drohnenbrut.

Imker und Imkerinnen schätzen es – aus Gründen, von denen ebenfalls später noch die Rede sein wird – nicht sehr, wenn auf einer Wabe in einem Rähmchen Arbeiterinnenzellen und Drohnenzellen zugleich auftreten. Darum führen sie mit Hilfe der Rähmchen nicht nur den Wabenbau, sondern nehmen auch Einfluss darauf, welche Zellen die Bienen auf der Wabe eines Rähmchens anlegen. Dies geschieht, indem sie, wenn ein Volk mit einer Zarge erweitert wird, nicht einfach leere Rähmchen in die Zarge hängen. Vielmehr kommt in jedes Rähmchen eine »Mittelwand«. Das ist eine Wachsplatte in der Größe des jeweils verwendeten Rähmchenmaßes. Sie wird auf Drähte, die in das Rähmchen gespannt werden, aufgelegt und durch ein kurzes Erhitzen der Drähte mittels eines Trafos fest mit den Drähten verbunden. Der Kniff ist nun, dass auf der Mittelwand die Zellstruktur von Arbeiterinnenzellen in Form kleiner Wachswülste bereits vorgeprägt ist. Die Bienen nehmen diesen »Bauplan« immer an und errichten auf einer Mittelwand nur Arbeiterinnenzellen. So entsteht aber nicht nur eine sehr regelmäßige Zellenstruktur. Da die Bienen auf der ganzen Fläche eines Rähmchen mit dem Errichten der Zellen beginnen können, geht der Wabenbau sehr schnell vonstatten. Und durch die Drähte, die die ausgebaute Wabe durchziehen, ist diese zudem stabiler (vgl. Bild 4).

Störungen im Haustelefon

Gerade diese Stabilität scheint den Bienen selbst aber nicht immer zu gefallen. Denn die Wabe ist nicht nur Lagerraum und Kinderstube, sie erfüllt noch eine dritte Funktion: Sie dient der Kommunikation im Bienenstock (Tautz&Lindauer 1999). Es ist ja in der Honigfabrik zappenduster! Außer am Bodenbrett, wo durch das Flugloch hindurch ein wenig Licht in die Honighöhle fällt, herrscht im Stock ein wimmeliges Gedränge in völliger Finsternis. Wie also soll man sich miteinander austauschen und Informationen weitergeben, wenn man die anderen nicht sehen kann und wenn man wie die Bienen nichts hört?

Eine Möglichkeit der Kommunikation besteht im Austausch chemischer Signale, oder einfacher: dadurch, dass bestimmte Duftstoffe mit Signalwirkung da sind oder eben nicht da sind. Tatsächlich kommunizieren Bienen über Gerüche und wir werden noch mehr davon hören. Daneben gilt: Wer nicht hören kann, muss fühlen!

Bienen haben sehr sensible Tastorgane an den Füßen und in den Beinen, mit denen sie unterschiedliche Schwingungen auf der Wabe spüren können (Sandeman et al. 1996). Auch das, was wir als Schall hören, wird von den Bienen als mechanische Schwingung wahrgenommen. Eine frisch geschlüpfte Königin beispielsweise kann einen tütenden Laut von sich geben, den der Imker hört, den die Bienen auf der Wabe aber nur spüren. Mit Hilfe der Vibration »sagt« die neue Prinzessin ihrem Volk: Ich bin da!

So ist die Wabe *die* Kommunikationsplattform im Bienenkasten und die Netzstruktur der mit Propolis verstärkten Zellränder, von der gerade die Rede war, ist das »Festnetz« im Haustelefon des Bienenvolkes (Tautz 2002). Wie es funktioniert, wird deutlich wenn man den Schwänzeltanz der Bienen, den wir später ebenfalls noch ausführlicher kennenlernen werden, genauer anschaut.

Bienen tanzen, um Informationen weiterzugeben. Jede tanzende Biene versucht dabei, Nachtänzerinnen zu rekrutieren. Je mehr Bienen »die Information tanzen«, desto schneller verbreitet sich diese im Volk.

Die Weise, in der Tänzerinnen auf sich aufmerksam machen, ist besonders raffiniert. Wir werden sie uns später noch genauer ansehen. Der Schwänzeltanz besteht, hier verkürzt gesagt, aus einer Laufphase und einer Schwänzelphase, die man auch Standphase nennen könnte. Denn in diesem Teil des Tanzes stehen die Bienen auf der Wabe fast still, heben unkoordiniert mal dieses, mal jenes ihrer sechs Beinchen und suchen damit jeweils einen neuen Halt. Dabei schieben sie sich ganz langsam vorwärts und schlagen ihren Körper bis zu 15-mal pro Sekunde nach den Seiten aus (Tautz et al. 1996).

So halten sie intensiven Kontakt zur Wabe und ziehen abwechselnd auf ihrer rechten und auf ihrer linken Seite an den Zellrändern. Diese werden dabei unter Spannung gebracht, in etwa so, wie wenn man ein Gummiband dehnt: Die leichtgewichtigen Bienen können mit einer Kraft von 4 Milli-Newton, das entspricht in etwa der Gewichtskraft, die fünf Arbeitsbienen auf die Waage bringen, an den Zellrändern ruckeln und sie dabei um etwa 2-tausendstel Millimeter auslenken (Storm 1998, Rohrseitz 1998). Das eigentliche Signal, mit dem die Tänzerin interessierte Nachtänzerinnen anlockt, besteht nun in kurzen Vibrationspulsen, die sie mit der Flugmuskulatur erzeugt. Diese Pulse haben eine Grundfrequenz von etwa 250 Hertz (Esch 1961). Die Tänzerin sendet sie exakt in den Momenten aus, in denen sie am stärksten an den Zellrändern zieht, also dann, wenn die Kraftankopplung maximal ist und der Vibrationsimpuls am klarsten über das Netztelefon weitergeleitet werden kann.

Man kann sich das alles zusammengefasst in etwa so vorstellen: Wenn wir eine Gitarrensaite auf den Ton »C« stimmen und ein Sänger oder eine Sängerin ein »C« singt, dann wird die Gitarrensaite angeregt über den Gitarrenkörper bald in diesem Ton mitschwingen. Ähnlich macht es die Tänzerin: In der Schwänzelphase spannt sie den Zellenrand wie eine Gitarrensaite und singt ihren Vibrationspuls mit der optimalen Frequenz von 250 Hz ins Telefon.

Nun entstehen bei der Erzeugung der Vibrationspulse durch die damit verbundenen Flügelschwingungen unvermeidlich auch Luftbewegungen, die sich als Luftschall messen lassen. Doch die Tänzerinnen locken im Dunkel des Stockes die Nachtänzerinnen nur durch die Untergrundschwingungen an und nicht durch den Luftschall oder andere physikalische Phänomene. Das wird deutlich, wenn man das Verhalten einer Tänzerin und einer Nachtänzerin beobachtet, die auf dem gleichen Tanzboden stehen, und zum anderen solche Pärchen betrachtet, die sich zwar genauso nah sind, sich aber auf mechanisch voneinander getrennten Böden aufhalten. Nur im ersten Fall lockt die Tänzerin die andere Biene heran, sodass diese ein Nachtanzverhalten zeigt (Abb. 1). Bienen, die sich auf einer anderen Wabe befinden, die einer Tänzerin also buchstäblich den Rücken zukehren, interessieren sich für diese nur dann, wenn sie sie zufällig mit ihren Antennen berühren. Sie brauchen also direkten Kontakt und erfahren über das Haustelefon nichts.

Abb. 1

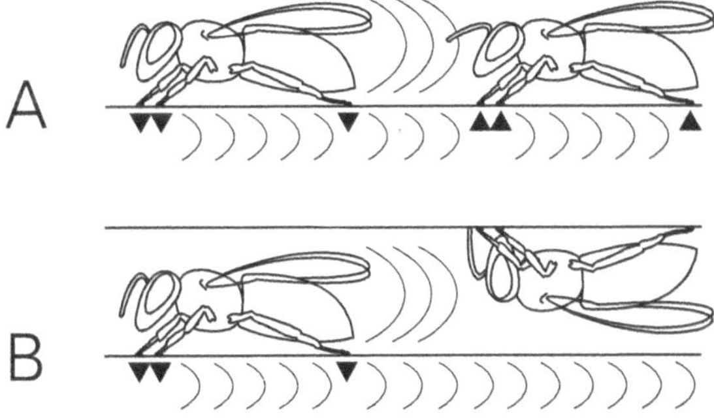

A. *Sitzen Tänzerin (jeweils links) und Tanzfolgerin (jeweils rechts) auf dem gleichen Untergrund, sprich hier der gleichen Wabe, erreichen sowohl Schallreize durch die Luft als auch Schwingungen des Untergrundes die Nachtänzerin, die daraufhin zur Tänzerin herangelockt wird.*

B. *Sitzen Tänzerin und Tanzfolgerin nicht auf dem gleichen Untergrund, erreicht von diesen Reizen nur der Schall die Nachtänzerin, die so nicht zur Tänzerin gelockt wird.*

Das Wabentelefon funktioniert dann am besten, wenn die Tänze auf nicht verdeckelten Zellen stattfinden. Bei anderen Tanzböden ist das Telefonnetz gestört, weil es nicht frei schwingen kann. So erreichen Tänze auf verdeckelten Zellen, auf dem Holz der Rähmchen oder auch – wie wir später noch lesen werden – auf den Körpern von Bienen in der Schwarmtraube deutlich weniger Publikum.

Das Geheimnis der Abstimmung zwischen den Botschaften der Tänzerin und dem dafür genutzten Kommunikationsmedium liegt in der Impedanz des Zellrandnetzes. Impedanz bedeutet Widerstand: Je schwächer die Kraft sein kann, die in einer Struktur eine bestimmte Bewegung auslöst, desto geringer ist die Impedanz dieser Struktur. Die Impedanz, hier also das Leitungsvermögen, des Zellrandnetzes hängt ab von der Temperatur des Wachses, der Größe der Zellen und der Frequenz der Schwingungen, die im Netz ausgebreitet werden. Am stärksten ist die Abhängigkeit von der Frequenz der Signale. Die Impedanz ist am geringsten um eine Frequenz von 250 Hz herum. In diesem Frequenzbereich stehen also die Stärke der Vibration und das Leitungsvermögen des »Zellrandnetzwerks« in einem optimalen Verhältnis zueinander. Ob es sich bei den Zellen, auf denen getanzt wird, um die kleineren Arbeiterinnenzellen oder die größeren Drohnenzellen handelt, hat dabei erstaunlicher Weise nur einen sehr geringen Einfluss auf das Leitungsvermögen der Wabe. Einen deutlich stärkeren Einfluss hat die Temperatur: Je kälter das Wachs ist, desto größer ist die Impedanz des Zellrandnetzes, desto schlechter werden also die Schwingungen weitergeleitet. Im Winter, wenn es in der Honigfabrik auch frieren kann, ist die Leitung also weitestgehend tot. Aber auch umgekehrt gilt: Je wärmer das Wachs ist, desto weicher ist es und desto schwächer ist die Spannung der Zellränder, die die Tänzerin mit ihren Mini-Kräften erzeugen kann. Gerade darum ist es für die Bienen ja so wichtig, die Zellränder mit Propolis zu verstärken.

Überraschend ist, dass eine Füllung der Zellen mit Honig keinen Einfluss auf die Verbreitung der Schwingungssignale hat. Rein physikalisch verhält sich das Zellrandnetz so, als sei es freischwebend von den Zellwänden unabhängig. Nutzt der Imker starre, aus Plastik vorgeformte Mittelwände, die von den Bienen dann zu Waben ausgebaut werden, hat das darum ebenfalls keinen negativen Einfluss auf die Vibrations-Kommunikation über die Waben.

Es gibt nur zwei Umstände, unter denen die Schwingungsausbreitung zum Erliegen kommt: Sind die Zellen verdeckelt, wird das Zellrandnetz starr und kann keine Schwingungen mehr weiterleiten. Das Bienentelefon ist dann tot. Das gleiche gilt, wenn die Ränder einer Wabe vollständig mit dem Rähmchen verbunden sind. Imker können darum immer wieder beobachten, dass die Bienen genau das vermeiden. Gerne nagen sie Löcher und Ausbuchtungen vom Rand des Rähmchens her in die Wabe. Hier waren dann »Telefonnetz-Flicker-Bienen« am Werk, die dafür gesorgt haben, dass die Tanzfläche schön freischwingend und das Telefon intakt bleibt.

II KAPITEL II

SAISONARBEIT IM RHYTHMUS DER JAHRESZEITEN – TEAMWORK IN DER HONIGFABRIK

Die Honigfabrik ist ein Saisonbetrieb. Im Winter ruhen die meisten Aktivitäten und das Personal beschäftigt sich in erster Linie damit, sich gegenseitig warm zu halten. Wenn die Tage wieder länger werden, kommt dann nach und nach neues Leben in die Bude. Die Königin fängt nach der Brutpause im Winter wieder mit der Eiablage an und bald schlüpfen die ersten jungen Bienen. Das Volk nimmt an Zahl zu, es »wächst«. Etwa im Juli, wenn die Blütezeit in der Natur zu Ende geht, hat es seine größte Stärke erreicht. Im Hochsommer und im frühen Herbst nimmt die Volksstärke wieder ab, bis schließlich nur die Winterbienen übrig sind. Um sie soll es im ersten Abschnitt dieses Kapitels, der von den Arbeiterinnen in der Honigfabrik erzählt, zuerst gehen.

1. Frauenpower im Bienenvolk – von dicken Mädchen, Geschwisterliebe und wütenden Amazonen

An einem Tag im späten September oder im frühen Oktober ist es soweit: Eine Arbeiterin beginnt, sich mühevoll in ihr Dasein buchstäblich durchzubeißen. Drei Wochen nachdem die Königin das Ei gelegt hat, aus dem die junge Biene entstanden ist, nagt sie den Wachsdeckel auf, mit dem ihre älteren Schwestern ihre Puppenstube geschützt haben. Ist das Loch groß genug, presst und zieht sie sich aus der eng gewordenen Zelle. Etwas wackelig, mit noch leicht verknautschten Flügeln steht sie dann auf der Wabe, umwuselt von den Schwestern, die die Neue nur beiläufig zur Kenntnis nehmen. Sie ist schließlich nur eine von vielen, die an diesem Tag, wie an jedem Tag des zurückliegenden halben Jahres auch, geschlüpft ist.

Winterbienen

Und dennoch sind unsere kleine Biene und all die anderen, die in diesen Tagen ihre Brutzellen verlassen, besonders: Es sind Winterbienen. Sie werden nicht, wie ihre Schwestern, die im Frühjahr oder Sommer schlüpften, nur sechs bis acht Wochen leben. Ihre Lebenserwartung ist mit sechs bis sieben Monaten um ein Vielfaches höher. Erst im März oder April des Folgejahres werden sie eine nach der anderen von einem Sammelflug nicht mehr in den Stock zurückkehren.

Zuvor aber haben sie besondere Aufgaben in einer besonderen Zeit. Es ist Herbst. Draußen blüht nur noch wenig. Die Königin legt jetzt deutlich weniger Eier als im Frühjahr und im Sommer. Die Zahl der Bienen im Stock nimmt ab und das Volk bereitet sich auf den Winter vor. Sammelflüge bringen gerade so viel Nektar und Pollen, dass die Stockbienen und die heranwachsende Brut versorgt werden können. Der Wintervorrat – 20 kg Zuckersirup, mit dem die Bienen gefüttert wurden, nachdem der Imker dem Volk den Honig entnommen hatte – muss noch nicht angebrochen werden. Aber das wird sich bald ändern.

Im fortgeschrittenen Jahr, spätestens ab Anfang Dezember, gibt es für ein Volk in unseren Breiten draußen nichts mehr zu holen. Es blüht nichts mehr und es ist so kalt, dass an Flüge nicht zu denken ist. Alles, was das Bienenvolk braucht, um den Winter zu überleben und im

Frühjahr wieder wachsen zu können, muss jetzt in den Waben lagern. Denn lange bevor draußen die Blüten des Frühjahrs neue Nahrung versprechen, beginnt für ein Bienenvolk schon das neue Bienenjahr. Nach der Wintersonnenwende, spätestens mit den ersten wärmeren Tagen Ende Februar und Anfang März, beginnt die Königin von neuem mit der Eiablage. Aus den Eiern schlüpfen nach drei Tagen die Larven und diese brauchen für ihre Entwicklung nicht nur die Energie, die in Form von Kohlenhydraten im eingelagerten Zucker vorhanden ist, sie brauchen vor allem auch Eiweiß und Fette.

Und hier kommen die Winterbienen ins Spiel. Die erste wichtige Aufgabe, die sie nach dem Schlupf haben, ist, sich ein Bäuchlein zuzulegen. Das fällt ihnen nicht schwer, denn es ist wie bei den Menschen auch: Wer wenig Energie verbraucht und dennoch »normal« isst, der bekommt eine Wampe. Die Winterbienen brauchen fast keine Brut mehr zu pflegen und müssen, weil es draußen nichts mehr zu holen gibt, auch keine anstrengenden Sammelflüge mehr machen. Was sie zu sich nehmen, wird darum zum größten Teil als Eiweiß- und Fettreserve in ein Speichergewebe eingelagert. Dieses Gewebe umschließt die Organe der Bienen im Hinterleib. Winterbienen sind dicke Mädchen.

Rudelkuscheln in der Kiste

Für die Ruheperiode des Winters ist das keine schlechte Sache. Denn mit einem etwas rundlicheren Körper ist bekanntlich angenehmer kuscheln als mit einem spiddeligen. Genau das aber machen Bienen im Winter: Rudelkuscheln. Anders nämlich als andere staatenbildende Insekten wie z.B. Hummeln und Wespen überwintern Bienen mit einem ganzen Volk. Bei Hummeln und Wespen schlüpfen im Herbst viele Königinnen und verlassen, von männlichen Wespen noch begattet, die sterbende Gemeinschaft. Die jungen Königinnen dieser Insekten sind mit einem biologischen Frostschutz ausgestattet. In der Erde oder versteckt unter loser Rinde an einem Baumstamm verschlafen sie den Winter, um im Folgejahr ein neues Volk zu gründen.

Bei den Honigbienen ist dagegen an Winterschlaf nicht zu denken. Stattdessen rücken die Mädchen – und zu dieser Zeit gibt es tatsächlich nur Frauen im Volk – zusammen. Die Bienen bilden die »Wintertraube«. Konkret heißt das: Wenn die Außentemperatur sinkt, dann verlassen die Bienen die meisten Waben und ziehen sich in wenige »Wabengassen« zurück. Das Volk zieht sich zusammen. Ab einer Außentemperatur von etwa plus 6 Grad Celsius bildet es eine feste Einheit, die man – etwas idealisiert betrachtet, denn Bienen nehmen es mit der Geometrie nicht so genau – als Kugel bezeichnen könnte. Je nach Größe des Volkes rücken die Bienen in fünf bis acht Wabengassen eng zueinander, wobei sich in den mittleren davon die meisten befinden und in den Wabengassen rechts und links die Bienen etwas weniger werden. Dabei herrscht aber kein Stillstand, die einzelnen Bienen hocken also nicht an einem festen Platz, an den es sie bei der Bildung der Wintertraube zufällig verschlagen hat. Sie bleiben vielmehr in Bewegung: Wer an den Rand der Traube geraten ist, ruckelt sich wieder nach innen. Andere werden dadurch nach außen gedrängt und so geht es in einem fort, bis es wieder wärmer wird und die Traube sich auflöst. Warum aber dieses ständige Umeinanderherumgewusel?

Eng aneinander gerückt halten die Winterbienen sich und die Königin warm, indem sie ihre Flügel ausklinken und – sozusagen im Leerlauf – die Flugmuskulatur arbeiten lassen. Dadurch entsteht Wärme. Aber mit dieser Wärme heizen die Bienen nicht die ganze Wohnung, sondern sich nur gegenseitig. Und deshalb müssen sie sich ständig umeinander herum bewegen: Im Inneren der Wintertraube ist es einfach wärmer als an deren Rand. Wer dauernd am Rand sitzt, wird irgendwann erstarren und aus der Kugel fallen. Das wäre das Ende. Wenn aber alle einmal an den Rand und dann wieder mehr in das Zentrum der Traube kommen, dann bleiben alle warm genug, um zu überleben.

Im HOBOS-Projekt am Smart HOBOS AUDI-Aufbau in Münchsmünster (www.hobos.de) lassen sich diese Vorgänge – live und mit Hilfe der gespeicherten Aufzeichnungen – über eine Wärmekamera und eine normale Videokamera beobachten (vgl. Bild 5).

Wie leistungsstark dieses Verhalten in der Wintertraube ist, zeigt ein verblüffendes Experiment: Bienen sind besonders kälteempfindliche Insekten. Eine einzelne Biene wird bei einer Temperatur von etwa plus 10 Grad Celsius bewegungsunfähig und stirbt bei etwa plus 4 Grad Celsius. Hängt man allerdings eine ganze Bienenkolonie in eine Kühlkammer, geht es dem Volk bis zu Temperaturen von minus 40 Grad Celsius und darunter sehr gut. Vorausgesetzt, zwei Bedingungen sind erfüllt: Die Wintertraube darf erstens nicht auseinandergerissen werden und die Bienen dürfen zweitens auf keinen Fall den Kontakt zu ihren Honigvorräten verlieren. Denn für die Aktivität ihrer Flugmuskulatur benötigen sie die Kohlenhydrate aus dem Honig. Ist dieses Heizmaterial aufgebraucht, können die Bienen keine Wärme mehr produzieren und erfrieren.

Darum ist es auch wichtig für ein Bienenvolk, sparsam mit seinen Energiereserven umzugehen. An der Beheizung der Wintertraube lässt sich studieren, wie ein Volk seine Brennstoffvorräte optimal nutzt. Denn in der Wintertraube ist es keineswegs die ganze Zeit bei voll aufgedrehter Heizung muckelig warm. Platziert man in den

Wabengassen Thermometer, die eine Dauermessung der Temperatur ermöglichen, so zeigt sich, dass die Temperatur der Wintertraube nicht nur an deren Oberfläche recht weit abfällt. Auch in ihrem Inneren bewegt sie sich die meiste Zeit nur wenig oberhalb von plus 10 Grad Celsius. Alle paar Tage jedoch wird einmal richtig eingeheizt. Dann steigt die Temperatur im Inneren der Traube auf bis zu 30 Grad Celsius und darüber (Tautz 2015). Danach sinkt sie wieder auf das niedrige Niveau. Es ist klar: Diese Form der Intervallheizung spart enorm an Energie im Vergleich zu einem Heizverfahren, bei dem den ganzen Winter über die Temperatur in der Traube sehr hoch gehalten würde. Aber warum heizen die Bienen dann nicht gleich die ganze Zeit über nur so, dass die Temperatur bei etwas über 10 Grad Celsius liegt und sie so gerade eben bewegungsfähig bleiben? Das würde ja noch mehr Energie sparen. Wir wissen es nicht genau. Aber der Grund könnte in der Konsistenz von Honig liegen. Dieser ist bei 10 Grad sehr steif, sodass die Bienen ihn schlecht aufnehmen können. Eine richtig aufgeheizte Wintertraube wärmt auch die Wabe und macht den Honig geschmeidiger. Die Warmtage in der Wintertraube könnten also so etwas wie Festtage sein, an denen die Essensausgabe stattfindet. Bienen füttern sich gegenseitig. Es könnte darum sein, dass an diesen Tagen die Bienen, die auf den Honigwaben sitzen, ihren Schwestern die Rationen reichen, mit denen diese dann wieder ein paar Tage auskommen müssen – bis zum nächsten Warmtag.

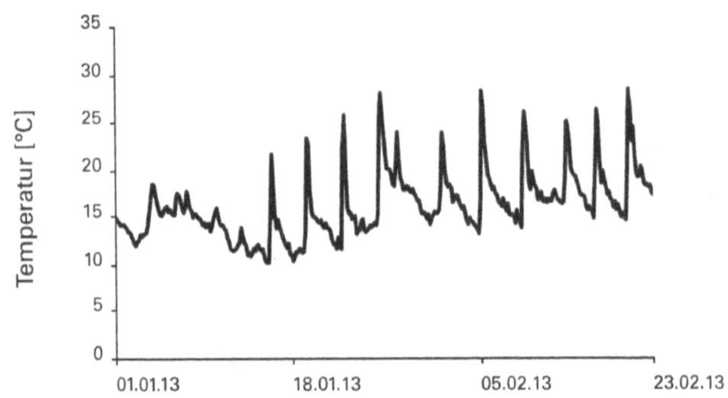

Abb. 2

Die Temperaturkurve im Inneren einer Wintertraube im Januar und Februar 2013 (Daten des HOBOS-Projektes). Deutlich erkennbar sind die starken, jeweils einen Tag lang andauernden Heiz-Spitzen. An den Tagen dazwischen sinkt die Temperatur deutlich ab. Dass die mittlere Temperatur im dargestellten Zeitraum leicht steigt, ist ein Zeichen dafür, dass die Königin etwa Mitte Januar mit der Eiablage begonnen und das Volk eine noch kleine Brutfläche angelegt hat, die konstant auf etwa 36 Grad Celsius erwärmt wird (aus Tautz 2015). Entsprechende Daten zu allen Wintern seit dem Jahr 2011 sind bei HOBOS im Internet abrufbar.

Schluss mit Kuscheln und ran an den Speck

Wenn ein Volk den Kontakt zum Futter nicht verliert und wenn es ihm gelingt, sich die kalte Zeit hindurch warm zu halten, dann erwachen in ihm nach der Wintersonnenwende die Lebensgeister von neuem. Jetzt werden die Tage wieder länger. Wenn dann Ende Februar oder Anfang März zum ersten Mal die Temperaturen in die Nähe von 15 Grad kommen, dann heißt es erst einmal: Schluss mit Kuscheln und ganz schnell vor die Tür! Die Bienen haben jetzt nämlich ein richtig dringendes Bedürfnis.

Denn wenn der Winter hart war und es vielleicht schon vor Weihnachten so kalt wurde, dass keine Ausflüge mehr möglich waren, dann sitzen die Tiere jetzt schon seit acht bis zehn Wochen im Stock auf der Wabe. Diese erfüllt viele Funktionen. Eines aber ist sie nicht: eine Sanitäreinrichtung. Wo jedoch Nahrung aufgenommen und verdaut wird, da fallen Reste an. Bienen scheiden diese gewöhnlich im Flug aus. Wenn aber nicht geflogen werden kann, heißt es eben: Zusammenkneifen! Nun sind die Damen von Natur aus mit einem sehr dehnbaren Enddarm ausgestattet, in den einiges hineinpasst. Aber irgendwann wird der Druck doch groß. Ist dann ein erster warmer Tag da, starten die Bienen zum »Reinigungsflug«. In Zeiten, in denen es noch keine Waschmaschinen und Wäschetrockner gab, konnte dieser in Imkerhaushalten für einen schiefen Haussegen sorgen. Man stelle sich einmal die unter Mühen gekochte, gespülte, gewrungene und ausgerechnet an dem Tag zum Trocknen aufgehängte Weißwäsche vor, an dem die Bienen mit ihren Entsorgungsflügen beginnen. Wer das nicht mitbekam und die Wäsche zügig von der Leine nehmen konnte, der hatte ein Problem, bestehend aus lauter kleinen braunen, durchaus unangenehm riechenden Fleckchen. In Zeiten klarer hauswirtschaftlicher Aufgabenzuschreibungen konnte das für den Herrn Imker sehr unerfreuliche Ansagen seitens der Gattin zur Folge haben.

Nach dem Reinigungsflug können in unseren Breiten durchaus noch weitere kalte Tage kommen, an denen die Bienen sich wieder in die Wintertraube zusammenziehen. Hier wärmen sie jetzt aber nicht mehr allein die Königin und sich selbst, sondern auch die erste Brut des neuen Jahres. Denn mit den ersten warmen Tagen kommt eine Entwicklung in Gang, die Imker und Imkerinnen »Durchlenzung« nennen. Die Königin beginnt erneut mit der Eiablage. Drei Tage nachdem sie ein Ei auf den Zellenboden gestellt hat, schlüpft aus diesem die Larve. Damit diese wachsen und das »Programm« ihrer Metamorphose zur Biene in Gang kommen kann, braucht sie einen speziellen Futtersaft. Und jetzt kommt die große Stunde unserer Winterbienen. Wie alle Arbeitsbienen können sie mit Hilfe von Drüsen an ihren Mundwerkzeugen diesen Futtersaft erzeugen. Gewöhnlich nehmen die Bienen, die die Brut pflegen – sogenannte »Ammenbienen« – dafür die Nahrungsstoffe Pollen und Honig auf, den die Sammelbienen eintragen und den die Ammenbienen als »Ammenmilch« wieder abgeben können. Jetzt, im frühen Frühjahr aber, gibt es fast nur Kohlenhydrate in Form von Zucker im Volk. Die Fette und Eiweiße, die sie zur Erzeugung des Futtersaftes brauchen, tragen unsere Winterbienen in den Pölsterchen, die sie sich im Herbst zuvor angefressen haben, an ihrem Körper. Jetzt heißt es: »Ran an den Speck!« Als Ammenbienen fangen die Winterbienen jetzt an, diese Reserven aufzulösen.

Allerdings reichen diese nur für den Start in das neue Jahr, für den »Bruteinschlag«, wie es im Imkerjargon heißt. In Erwartung des kommenden Frühjahrs soll das Volk schnell wachsen. Darum steigert die Königin jetzt die Zahl der gelegten Eier und die Eiweißreserven in den Körperreservoirs der Winterbienen gehen bald zur Neige. Es muss also wieder gesammelt werden.

Gut also, dass etwa ab Mitte März die Salweide zu blühen beginnt. Bei gutem Wetter sieht man jetzt die Winterbienen mit dicken Bällchen an den Hinterbeinen in den Stock zurückkehren. Sie sammeln Pollen, manchmal in solchen Mengen, dass einzelne Waben im Stock Zelle um Zelle komplett gefüllt sind mit dem sattgelben Blütenstaub. Und dieser Pollen wird dringend gebraucht.

Die Brutflächen im Volk umfassen bald schon die Flächen mehrerer Rähmchen. Tausende von Eiern und Larven sind jetzt zu pflegen und zu versorgen. Bald schon schlüpft die erste Generation der Sommerbienen.

Für die Winterbienen bedeutet das das Ende ihrer Zeit. Eines Tages im April wird die letzte zu einem Sammelflug starten, von dem sie, müde, abgearbeitet und alt geworden, nicht mehr zurückkehrt. Im Stock sind jetzt schon die neu geschlüpften Bienen in der Überzahl, die Durchlenzung des Volkes ist abgeschlossen, die Winterbienen sind gestorben, die Zeit der Sommerbienen beginnt.

Hauswirtschaft und Kinderpflege

Eine junge Biene, die Anfang April aus ihrer Brutzelle krabbelt, hat wie alle ihre Schwestern, die jetzt und in den folgenden vier Monaten geboren werden, ein arbeitsreiches, recht kurzes, straff getaktetes Leben vor sich. Obendrein ist es am Anfang dazu noch ziemlich langweilig. Kaum ist sie nämlich auf der Welt, heißt es für sie: »Zimmer aufräumen!« Und zwar nicht nur das eigene, aus dem sie gerade hervorgekrochen ist, sondern auch die Tausenden anderen, die es auf den Brutwaben gibt.

Die erste Aufgabe einer jungen Biene ist es, die Zellen auf den Brutwaben im Brutnest zu putzen. Ist eine Biene geschlüpft, dann ist die Zelle, die sie verlässt, nämlich nicht unbedingt sauber. Als Larve hat sie dort, kurz vor der Verpuppung, Kot ausgeschieden und dann einen schützenden Kokon um sich gesponnen, in dem sie zur Puppe wurde und ihre Metamorphose zur Biene ablief. Nach dem Schlupf bleibt der Kokon zurück, ebenso wie Kotreste, die dieser nicht vollständig bedeckt. Die Putzbienen kümmern sich darum: Mit einer Art »Bienen-Domestos«, einem öligen Sekret, das sie aus Drüsen, die sich an ihren Mundwerkzeugen befinden, ausscheiden können, reinigen sie die Zellen. Diese sehen dann buchstäblich wie geleckt aus: Wenn man als Imker nicht ganz sicher ist, ob ein Volk eine Königin hat, dann kann man schon etwas beruhigter sein, wenn man eine Brutwabe findet, auf der die Zellenböden glänzen. Hier haben die Putzbienen alles blitzblank und keimfrei vorbereitet, damit die Königin von neuem ein Ei darin ablegen kann.

Dieses muss gepflegt, und die Larve, die nach drei Tagen schlüpft, muss gefüttert und gewärmt werden. Das ist die zweite Aufgabe, der sich eine Biene in ihrem Leben zuwendet. Etwa vier Tage nach dem Schlupf beginnt sie damit, ältere Larven mit einem Brei aus Pollen und Honig zu versorgen. Ist die Biene sechs Tage alt, haben sich ihre Futtersaftdrüsen am Kopf vollständig entwickelt. Jetzt kann sie eiweißreiche sogenannte »Ammenmilch« ausscheiden. Sie spuckt diese in die Zellen, in denen junge Larven liegen. Diese baden förmlich in der Substanz und gedeihen prächtig: Ein gerade gelegtes Ei wiegt etwa 0,3 mg. Die Streckmade, zu der sich das Ei nach neun Tagen entwickelt hat, bringt kurz vor der Verpuppung etwa das 500-fache Gewicht auf die Waage – 150 mg! Hätte Muttermilch den gleichen Effekt, dann wöge ein Baby neun Tage nach der Geburt etwa 1,5 Tonnen ...

Manche Ammenbienen müssen sich aber nicht nur um die Kleinsten kümmern. Ihnen fällt die Pflege der Größten im Stock zu: Sie werden bei Hofe zugelassen. Denn die Königin eines Bienenvolkes ist ständig von Ammenbienen umgeben. Diese haben nicht allein die Aufgabe, Majestät zu putzen und sie über die Brutwabe zu den gereinigten Zellen zu führen, damit sie dort legen kann. Vor allem müssen sie sie füttern. Aber die Königin bekommt nicht einfach, was alle bekommen – keinen Pollenbrei und keine Ammenmilch, sondern »Gelee royale«. Der königliche Pudding, von dem wir später noch mehr hören werden, ist der Ammenmilch sehr ähnlich, enthält aber neben dem Sekret der Futtersaftdrüsen einen besonders hohen Anteil des Sekrets der Mandibeldrüsen, die sich ebenfalls am Kopf in der Nähe der Mundwerkzeuge der Ammenbienen befinden. Die Königin bekommt ihr ganzes Leben hindurch diese hochwertige Nahrung, die für menschliche Zungen übrigens alles andere als lecker ist. Nur darum kann sie bis zu fünf Jahre alt werden und nur darum ist sie in der Lage, bis zu 2.000 Eier am Tag zu legen.

Und die vielen jungen Bienen, die aus den Eiern entstehen werden, sie werden gebraucht! Die Hochphase der Bruttätigkeit erreicht ein Bienenvolk, abhängig von seinem Standort und der Wetterentwicklung eines Jahres, zwischen Mitte April und Ende Mai. Es hält dieses Niveau etwa bis Mitte Juni. Denn jetzt kommt die Zeit, in der draußen alles blüht! Jetzt kommen die Wochen, auf die die Honigfabrik vorbereitet sein muss, wenn sie ein erfolgreiches Jahr haben will.

Es ist beeindruckend, wie die Zahl der Bienen in einem Volk in diesen Wochen förmlich explodieren kann. Man stelle sich vor: Es ist Mitte April. Die Durchlenzung ist fast abgeschlossen, das Volk umfasst vielleicht 6.000 Bienen. Die Wetterentwicklung ist stabil, die Temperaturen liegen um 15 Grad. Jetzt beginnen die Kirschbäume zu blühen. Für die Honigfabrik ist das die erste Massentracht des Jahres. Jetzt kommt viel Nektar und Pollen herein, Nahrung für die Brut. Die Königin wird angesichts dieser Fülle von den Ammenbienen zum Legen animiert und sie tut, was sie kann. Vom – sagen wir – 15. bis zum 25. April legt sie jeden Tag 2.000 Eier. Aus jedem Ei entwickelt sich in 21 Tagen eine Biene. Das heißt: Ab dem 7. Mai schlüpfen an jedem Tag 2.000 junge

Bienen und am 17. Mai hat die Honigfabrik nicht mehr 6.000, sondern 26.000 Mitarbeiterinnen. Und diese Zahl wird sich noch fast verdoppeln: Bis Mitte Juni kann ein Bienenvolk bis zu 50.000 Individuen umfassen.

Climatronic in der Kinderstube

Bienen sorgen für ihren zahlreichen Nachwuchs mit fast der gleichen Zuwendung, die auch die meisten Säugetiere ihren Kleinen angedeihen lassen: Bienenlarven werden sauber gehalten und gefüttert, vor allem aber werden die Puppen gewärmt. Damit aus einem Ei eine Larve, daraus eine Puppe und aus dieser schließlich eine Biene werden kann, müssen die Brutflächen in einem Bienenvolk zwischen 34 und 36 Grad warm sein. Wie bekommen es die Bienen hin, im »Brutnest« diese Temperatur zu halten?

Voraussetzung dafür ist ihre Fähigkeit, durch Zittern ihrer starken Flugmuskulatur bei ausgeklinkten Flügeln, also mit ihrem »Flugmotor im Leerlauf«, aktiv Wärme zu erzeugen (Heinrich 1993, Bujok 2005, Kleinhenz 2008). Wir haben schon gehört, dass die Wintertraube auf eben diese Weise geheizt wird. Dieselbe Technik kommt auch auf den Brutflächen zum Einsatz, hier aber auf eine sehr besondere Weise. Manchmal sehen Imkerinnen und Imker, wenn sie eine Brutwabe ziehen, dass auf einer Fläche mit verdeckelter Brut aus einer leeren Zelle das Hinterteil einer Biene hervorschaut. Hier ist eine »Heizerbiene« am Werk: Kopfüber steckt sie in einer leeren Zelle und erwärmt die benachbarten und die gegenüberliegenden Wabenbereiche.

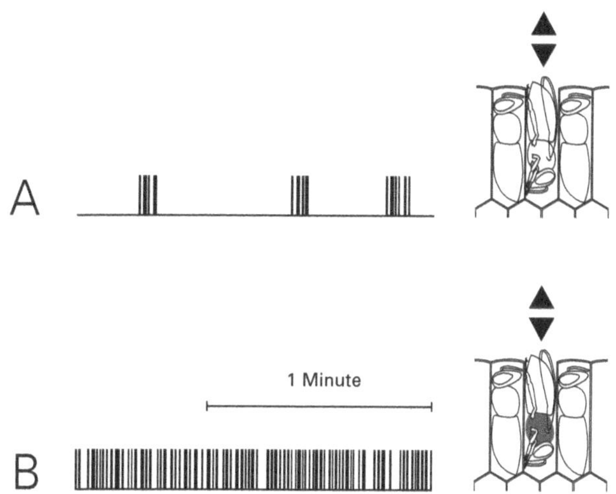

Abb. 3

Es gibt zwei Gründe, wieso sich Bienen über längere Zeit nahezu unbeweglich in leeren Zellen aufhalten. Entweder sie schlafen (A), dann atmen sie nur hin und wieder in Schüben, erkennbar an einer Pumpbewegung des Hinterleibes, mit der die Tracheen, das Atemsystem der Insekten, mit Luft gefüllt werden. Oder sie heizen (B), dann pumpt der Hinterleib unentwegt. Jede senkrechte Linie steht für eine Atembewegung. Beim Heizen verbrennen die Bienen Honig und dafür muss ständig Sauerstoff nachbeschafft werden. An einer sehr vorsichtig herausgezogenen Brutwabe lässt sich das hier beschriebene Verhalten beobachten (nach Bujok 2005).

Gibt es in der Umgebung viele verdeckelte Zellen mit Brut, dann dient eine leere Zelle oft sehr lange als Heizraum, ist die Zahl der Brutzellen in der Umgebung kleiner, wird der Heizraum nicht so lange in Betrieb gehalten. Die einzelnen Heizerbienen gehen ihrer Aufgabe dabei meistens in kurzen Intervallen nach. Es kommt zwar vor, dass sie bis zu einer halben Stunde in einer Zelle verbleiben, in der Regel ist aber nach weniger als zehn Minuten ein Zellenwechsel angesagt: Die eine Heizerbiene verlässt die Wärmekammer, eine andere rückt, wenn die Wabenfläche noch nicht warm genug ist, nach. Die erste Heizerbiene sucht sich eine andere leere Zelle oder aber: Sie wartet darauf, neu »betankt« zu werden.

Die Heizerbienen verbrauchen bei ihrer Arbeit nämlich eine sehr große Menge an Energie. Das Beheizen der Brutzellen ist für sie eine der anstrengendsten Aktivitäten überhaupt. Als Gradmesser für ihre Mühe kann der Sauerstoffverbrauch dienen: Eine heizende Biene verbraucht 1.14 µl/g/min Sauerstoff. Diese Menge entspricht fast dem entsprechenden Wert für das Fliegen, der mit 1.16 µl/g/min nur geringfügig höher liegt (Heinrich 1993). Heizt eine Biene ohne Pause durch, ist ihr Energievorrat, den sie aus aufgenommenem Honig zieht, nach etwa 30 Minuten verbraucht. Die Biene ist dann so erschöpft, dass ihr die Suche nach Honigvorräten, die immer etwas vom Brutnest entfernt aufbewahrt werden, schwer fällt.

Tatsächlich scheinen Bienen nun eine erstaunliche Lösung gefunden zu haben, wie den erschöpften Heizerinnen geholfen werden kann. Grundlage dafür ist die »Trophallaxis«, der Mund-zu-Mund-Austausch von Futter zwischen Bienen. Die Analyse einiger Tausend solcher Futteraustausche hat gezeigt, dass mehr als 85 % davon im Bereich gedeckelter Brut stattfinden (Basile et al. 2008). Verfolgt man dabei die beteiligten Partner, also Futterspenderin und Futterempfängerin, dann zeigen sich zwei spannende Details. Zum einen kann man mit Hilfe einer Wärmebildkamera feststellen, dass die Biene, die Honig aufnimmt, immer die höhere Körpertemperatur besitzt. Offenbar handelt es sich bei den Empfängerbienen um pausierende Heizerbienen, »heiße Bienen« bekommen hier »süße Küsse«. Verfolgt man dann – ebenfalls mit Hilfe der Kamera – die weiteren Wege von Spenderin und Empfängerin nach der Honigübergabe, dann entdeckt man das zweite Detail. Die Empfängerbiene bleibt im Bereich der gedeckelten Brutzellen und schlüpft in eine nächste leere Zelle, um den Heizbetrieb wieder aufzunehmen. Die Spenderbiene aber verlässt den Brutbereich in Richtung Honigvorräte. Dort betankt sie sich selbst und kehrt in den Brutbereich zurück. Die Pendlerin ist also eine Art »Tankstellenbiene« und Pendlerinnen und Heizerinnen arbeiten als Team, um die Brutwaben auf der optimalen Bruttemperatur zu halten.

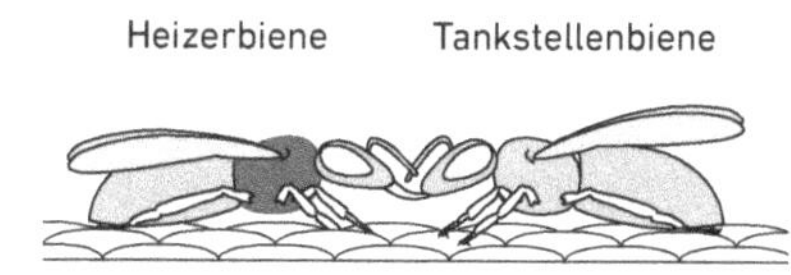

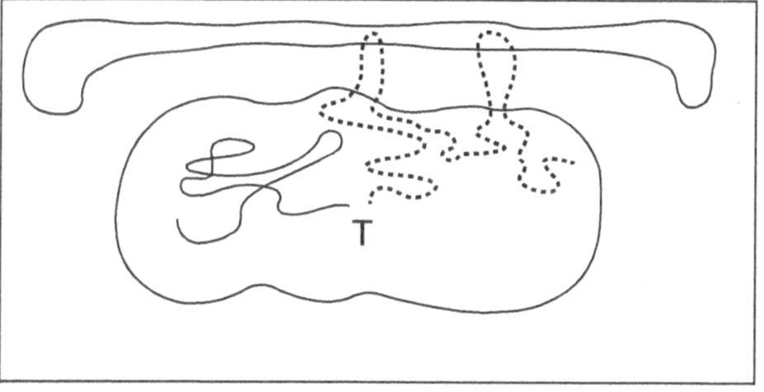

Abb. 4

Laufspuren einer Heizerbiene und einer Tankstellenbiene. Die Heizerbiene (durchgehende Spur) verlässt das Brutnest nicht, die Tankstellenbiene (punktierte Spur) pendelt zwischen dem Brutnest und dem Honigvorrat (oben), um sich dort aufzufüllen. Bei »T« hat man sich getroffen. Hier spendet die Tankstellenbiene (rechts) der noch warmen Heizerbiene (links) Honig und ermöglicht ihr damit, ihre Tätigkeit sofort wieder aufzunehmen (nach Basile et al. 2008).

Wie aber stellen die Bienen fest, wo, wann und wie viel geheizt werden muss? Tatsächlich ist völlig unbekannt, welche Reize aus den umgebenden Zellen das Heizverhalten der Bienen auslösen und es aufrechthalten. Allerdings gibt es gute Hinweise darauf, dass solche Reize auch von den lebenden Puppen ausgehen. Ersetzt man von der Rückseite der Zellen her, ohne den Zelldeckel öffnen zu müssen, die Puppen durch gleich große Wachskegel, wird in den Bereichen, in denen die Puppen ausgewechselt wurden, nicht geheizt. Und auch wenn man einen Teil des gedeckelten Brutnestes entnimmt, die Puppen darin unter Kälteeinwirkung abtötet, dieses Wabenstück dann wieder auf Brutnestwärme bringt und an den ursprünglichen Ort zurücksetzt, wird sich keine Heizerin darum bemühen, dass die Temperatur weiterhin gehalten wird. Ganz offenbar sind es aber nicht nur Reize, die vom Brutnest selbst ausgehen, die das Heizverhalten der Heizerbienen bestimmen. Diese messen die Temperatur der gedeckelten Brutzellen mit Hilfe von Sinnesorganen, die in ihren Fühlern konzentriert liegen. Im Vergleich zu den etwa zwanzigtausend Sinneszellen, mit denen Bienen Gerüche unterscheiden können, sind es nur wenige, die temperaturempfindlich sind. Davon liegen mit etwa zwanzig »Temperatur-Fühler-Zellen« die allermeisten auf dem äußersten der zehn Segmente, in das jedes Flagellum der Fühler einer Biene gegliedert ist. Dort sind sie ja auch am besten untergebracht, denn mit diesem äußersten Segment können die Bienen direkten Berührungskontakt mit ihrer Umgebung halten. Mikrochirurgische Instrumente erlauben es, dieses letzte Segment so abzutrennen, dass die Bienen, denen das zehnte Segment genommen wurde, nach dieser Amputation keinerlei beeinträchtigtes Verhalten zeigen. Sie erscheinen absolut normal. Nun fehlen ihnen aber fast alle Sinneszellen zur Bestimmung von Temperatur. Diese brauchen sie insbesondere, wenn es um das Wärmen der gedeckelten Brut geht.

Stattet man nun einen speziell dafür eingerichteten Beobachtungsstock mit gedeckelter Brut aus und setzt 400 Bienen hinzu, denen die letzten Fühlersegmente fehlen, dann heizen diese Bienen nicht. Das ist nach allem, was wir wissen, auch so zu erwarten. Die Bienen können nicht ermitteln, dass die Temperatur im Brutnest zu niedrig ist. Die Temperatur liegt ohne die Aktivität der Heizbienen bei etwa 24 Grad Celsius, der typischen Temperatur im Bienenstock außerhalb des Brutnestes im Sommer.

Setzt man diesen 400 Bienen, die sich den Puppenstuben gegenüber gleichgültig verhalten, nun aber lediglich 15 Arbeiterinnen hinzu, denen das letzte Fühlersegment nicht entfernt wurde und die darum die Brutnesttemperatur messen können, dann beginnen diese 15 erwartungsgemäß sofort zu heizen. Die große Überraschung ist nun: Auch die Bienen, denen die meisten Wärmerezeptoren fehlen, ziehen sofort mit. Auch sie schalten in den Aufheizmodus, sodass innerhalb von 24 Stunden das Brutnest wieder die Temperatur hat, die es haben sollte.

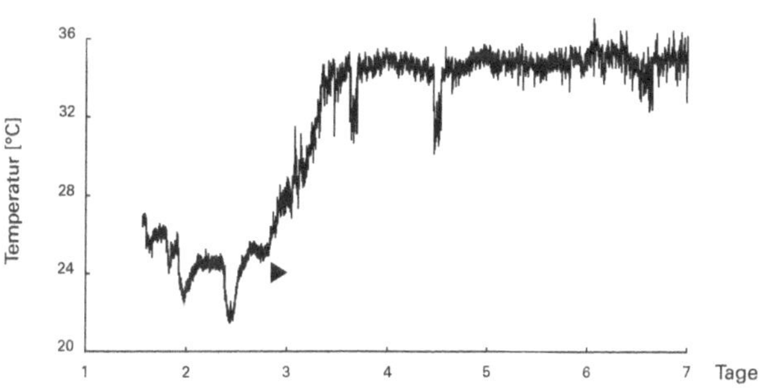

Abb. 5

Lufttemperatur im Brutbereich des Beobachtungsstockes. Zu Beginn waren nur behandelte Bienen im Beobachtungsstock, der von ihnen nicht über die Umgebungstemperatur hinaus geheizt wurde. Dann wurden nach etwa zwei Tagen 15 unbehandelte Bienen zugegeben (Pfeil). Daraufhin stieg die Temperatur innerhalb eines Tages bis auf den erwünschten Sollwert von etwa 35 Grad Celsius an (aus Bujok 2005).

Es ist bisher völlig unbekannt, auf welchem Wege das kollektive Heizverhalten dieser gemischten Bienengruppe in Gang kommt. Welche Signale werden dabei zwischen den Bienen ausgetauscht? Man muss in jedem Fall davon ausgehen, dass es die gleichen Abstimmungsvorgänge zwischen den Bienen auch in intakten Bienenvölkern gibt. Nur treten sie für den Beobachter dort nicht offen zutage, da sie dort in alle anderen natürlichen Prozesse nahtlos eingebunden sind.

Für die optimale Wärme im Brutnest sorgen die Bienen aber nicht nur mit eigener Mühe und mit Zusammenarbeit. Auch die Struktur des Brutnestes und der Wabe spielen hier eine wichtige Rolle.

Interessant ist dabei zum einen die Bedeutung von leeren Zellen in Wabenbereichen mit verdeckelter Brut: Um die Ausbreitung der Wärme im Brutnest kontrolliert messen zu können, wurde in den Brustabschnitt einer toten Biene ein Miniatur-Heizer eingesetzt. Mittels dieses kleinen Heizkörpers wurde die tote Biene auf 35 bis 42 Grad Celsius erwärmt, auf die Temperatur also, die lebende Heizerinnen mit Hilfe ihrer Flugmuskulatur erzeugen und nach außen in die Umgebung abgeben. Aufgeheizten Bienen im Brutnest begegnet man in drei unterschiedlichen Situationen. Entweder frei stehend oder herumgehend, oder auf der Wabe so, dass sie sich mit dem unteren Brustabschnitt am Zelldeckel andrückt, oder aber Kopf voran in einer leeren Zelle steckend.

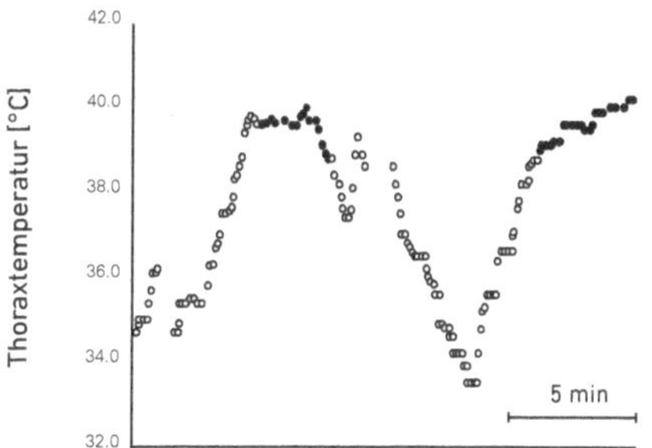

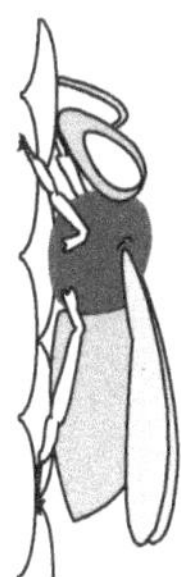

Abb. 6

Ganz gleich welche Heiztechnik eine Heizerbiene einsetzt, sie bereitet sich auf ihren Einsatz durch eine entsprechende Erhöhung ihrer Körpertemperatur vor. Sie heizt sich hoch (weiße Symbole), bevor sie ihren Brustabschnitt auf einen Zelldeckel presst (schwarze Symbole und Zeichnung rechts) und bevor sie zum Heizen in eine leere Zelle hineinkriecht (vgl. Abb. 3) (nach Bujok 2005).

Jede dieser drei Positionen wurde mit der künstlich erwärmten Bienenbrust imitiert und dabei jede Stellung für 30 Minuten beibehalten, was wie gesagt in etwa die längste Zeit ist, die eine Heizerbiene in einer leeren Zelle bleibt.

Werden von der Rückseite der Waben in gedeckelten Puppenzellen winzigste Thermometer eingesetzt, ohne die Deckel und die Puppen zu beschädigen, dann kann man messen, wie sich die Wärme im Brutnest ausbreitet. Gegenüber der Bruterwärmung, die eine herumlaufende Heizerbiene erreicht, erhöht sich der Aufwärmeffekt durch das Andrücken der warmen Brust an die Zelldeckel um bis zum Faktor 3. Wie sich vermuten lässt, ist die Heizwirkung aus dem Inneren einer leeren Zelle in die Umlegung hinein am höchsten. Dabei ist eine spürbare Erhöhung der Temperatur im Inneren der Zellen bis zu drei

Zellen von der beheizten leeren Zelle entfernt messbar. Das gilt auch für die Zellen auf der anderen Wabenseite gegenüber der beheizten Zelle. So erreicht eine einzige Heizerbiene mit ihrer Wärme mehr als 60(!) Puppen. Für die Wärmeverteilung im Brutnest ist darum die »Löchrige Zentralheizung« im Bereich der gedeckelten Brutzellen am effektivsten. An einem theoretischen Modell lässt sich zeigen, dass es eine optimale Anzahl passend verteilter leerer Zellen gibt, bei der die Bienen den geringsten Heizaufwand betreiben müssen, um eine optimale Heizwirkung zu erreichen. Gibt es zu wenige Leerzellen, werden zu wenige Puppen erwärmt, die die Wärme speichern und weiterleiten, gibt es zu viele Leerzellen, weil ein Volk krank ist oder die Königin nicht ausreichend Eier legt, steigt der Aufwand für die Erwärmung des Brutnestes deutlich an. In Zahlen ausgedrückt heißt das: Wenn 4 - 10 % der Zellen auf einer Brutwabe leer bleiben, dann ist der Energieaufwand zum Wärmen der Brut minimal im Vergleich zu völlig geschlossenen Brutflächen. Die Heizerbienen sparen auf so strukturierten Brutflächen bis zu 40 % Heizzeit (Fehler et al. 2007). Da die Königin ihre Eier nicht in einer streng systematischen Weise in die leeren Zellen im Brutbereich ablegt, dabei zwischen Regionen der gleichen Wabenseite, aber auch zwischen beiden Seiten einer Wabe oder sogar zwischen Waben wechselt, bleiben einzelne Zellen immer wieder unbeachtet und leer, wenn sie später zu bereits vorher besuchten Arealen zurückkehrt. So entsteht auf jeder Brutwabe ein Lückenmuster. Und tatsächlich weisen diese häufig eine besonders günstige Struktur auf, wenn es darum geht, eine Brutfläche zeit- und energiesparend zu erwärmen. Legen die Bienen ihr Brutnest also »planvoll« an? Wir wissen es nicht ...

Was wir aber wissen ist, dass nicht nur die Mühe der Bienen und die Struktur des Brutnestes dafür sorgen, dass es der Bienennachwuchs schön warm hat. Auch die Wabe selbst wirkt wie eine Art Treibhaus. Die Ausbreitung der Wärme in einer Wabe erfolgt zu einem Teil durch Wärmeleitung über das Wachs, über die Luft in den Zellen und über die Körper der Bienen und ihrer Brut. Zum andern Teil erfolgt sie durch Wärmestrahlung. Jeder Körper sendet bei Erwärmung eine Strahlung in seine Umgebung. Wir können diese Strahlung als Wärmeeindruck auf der Haut spüren, wenn wir z.B. prüfen, ob ein Heizkörper warm wird. Trifft Wärmestrahlung auf ein für Wärmestrahlung durchlässiges Material, wird sie nur teilweise zurückgeworfen. Wieviel Strahlung das Material hindurchlässt und wieviel reflektiert wird, hängt nicht nur vom Material selbst ab, sondern auch von der Wellenlänge der Strahlung, die wiederum von der Temperatur der Wärmequelle abhängt. Dieser Zusammenhang führt zum sogenannten Treibhauseffekt. Trifft die Strahlung eines warmen Körpers durch ein Material hindurch auf einen anderen Körper, der selbst wiederum erwärmt wird und Strahlung aussendet, kann es sich ergeben, dass bei unterschiedlichen Temperaturen der beiden Strahlungsquellen die Strahlung nur in eine Richtung durchgelassen und nicht mehr zurückgelassen wird. Die Strahlung und damit ihre Wärmewirkung werden eingefangen. Auf genau diese Weise erwärmt die Sonne als Wärmequelle mit Hilfe der Atmosphäre als durchlässiges Material unsere Erde. Und Ähnliches geschieht im Brutnest der Bienen. Die Heizerbienen sind die Wärmequellen, von denen eine Strahlung ausgeht. Diese Strahlung durchdringt die dünnen Wachswände und trifft auf die Puppen in den benachbarten Zellen. Die Puppen nehmen die Wärme auf und dienen selbst als Wärmequellen, allerdings haben sie eine etwas niedrigere Temperatur als die Heizerbienen, von denen sie aufgewärmt werden. Bestimmt man die Strahlendurchlässigkeit der Wachswände, ergibt sich ein kompliziertes Profil (Kleinhenz 2008). Die dünnen Wände aus Bienenwachs stellen im relevanten Temperaturbereich für manche Wellenlängen kein Hindernis dar, so kann die Strahlung der Heizerbiene hindurchgehen. Für andere dicht dabei liegende Wellenlängen blockiert das Wachs den Durchtritt, die Wärme bleibt darum gefangen. Die niedrigere Puppentemperatur schafft so gemeinsam mit den physikalischen Eigenschaften des Wachses die Basis für einen Treibhauseffekt im Brutnest.

Bee-onik im Wachs und Wabenbau

Die enorme Brutleistung eines Bienenvolkes braucht nicht nur einen cleveren und effizienten Umgang mit Energie. Es gibt außerdem noch ein viel simpleres Problem: Die Brut muss irgendwo untergebracht werden. Damit Brutzellen da sind, müssen die Wabenflächen wachsen. An diese Notwendigkeiten angepasst, entwickelt sich die Biografie einer Sommerbiene. In den ersten zehn bis zwölf Tagen hat sie sich putzend und die Brut pflegend vorwiegend auf den Brutwaben ihres Volkes im und am Brutnest aufgehalten. Das ändert sich um den elften Tag ihres Lebens herum: Jetzt geht es in die Produktion.

Bei allen Stockbienen sind etwa zehn Tage nach dem Schlupf die Wachsdrüsen an ihrem Hinterleib voll entwickelt. Sie können nun zwischen ihren Hinterleibsringen kleine, weiße Wachsplättchen »ausschwitzen«, die von Kolleginnen aufgenommen, gekaut, auf diese Weise elastisch gemacht und dann zur Wabe verbaut werden. Beginnt nun das Volk mit der einsetzenden Frühjahrsblüte zu wachsen, dann geben Imker und Imkerinnen ihm mehr Raum. Die Honigfabrik bekommt eine neue Etage, d.h. das Magazin wird erweitert, indem eine neue Zarge mit Rähmchen und den Mittelwänden darin aufgesetzt wird. Auch ein paar Leerrähmchen bekommt das Volk nun. Ein Teil der Jungbienen des Stocks beginnt nun als Baubienen zu arbeiten. Die zugegebenen Rähmchen werden von Baukolonnen besetzt. Dicht an dicht sitzen die Bauherrinnen auf den Mittelwänden und ziehen die Zellen hoch, schaffen Brutraum für die Larven und Lagerraum für den Honig. Ein starkes Volk kann, wenn z.B. die Obstbäume in voller Blüte stehen, das Wetter und darum die »Tracht«, wie die Imker sagen, gut ist, zehn Mittelwände in weniger als einer Woche vollständig ausbauen. Wie aber bekommen Bienen das hin?

Der Wunsch zu verstehen und zu erklären, wie die Waben der Honigbienen zustande kommen, hängt nicht zuletzt mit deren unglaublicher Präzision im Erscheinungsbild zusammen: Eine Fläche vollkommen gleichmäßiger Sechsecke aus einem hauchdünn verarbeiteten besonderen Material. In der weiteren Verwandtschaft der Honigbienen finden wir durchaus Ähnliches, so z.B. die Brutzellen der staatenbildenden Wespen. Diese sind auch sechseckig, aber sie werden aus zerkautem Zellstoff gemacht und genügen dem hohen Anspruch an Genauigkeit in der Ausführung, wie die Bienen ihn haben, bei weitem nicht. Deren Waben sind derart exakt ausgebildet, dass der Astronom und Mathematiker Johannes Kepler (1571 – 1630) den Bienen einen mathematischen Verstand zuschrieb, um deren Leistung erklären zu können. Der französische Naturforscher René-Antoine Ferchault de Réaumur (1683 – 1757) schlug vor, das Maß der Wabenzellen zur Grundlage eines einheitlichen Längenmaßes zu machen, um dem Chaos von Fuß und Elle, Speiche und Spanne, die obendrein in jedem Dorf noch etwas anderes bedeuten konnten, ein Ende zu machen. Die Bienen wurden um diese Anerkennung ihrer Bauleistung gebracht, als am 26. März 1791 die verfassunggebende Versammlung in Paris auf Vorschlag der Akademie der Wissenschaften beschloss, einen Längenmaß-Standard einzuführen, der dem zehnmillionsten Teil der Strecke vom Pol zum Äquator entsprechen sollte.

So messen wir heute in Metern und nicht in »Bienen-Ellen« oder dergleichen. Und das ist wohl auch gut so. Denn tatsächlich kann die regelmäßige, feine und obendrein stabile Struktur einer Bienenwabe dann doch von Bienenvolk zu Bienenvolk gering unterschiedliche Maße annehmen, wobei die Struktur aber immer regelmäßig ist. Wie diese Regelmäßigkeit zustande kommt, wissen wir nicht genau. Schafft man es, im Gewühle der Bautrupps einzelne Bienen bei ihrem Tun zu beobachten, dann sieht man, wie sie mit Mundwerkzeugen und Beinen die Wände bearbeiten. Kauend, klebend und drückend ziehen die Baubienen die Zellwände hoch. Die Dicke dieser Wände ist über die gesamte Länge bis auf wenige tausendstel Millimeter gleichmäßig. Die Wände sind so buckelfrei, dass manche computergesteuerte Drehbank es in so feinem Material nicht besser hinbekommen könnte. Darüber, wie dies zu erklären ist, gibt es einige Theorien. Eine davon geht so: Jede Biene bearbeitet eine Seite einer Zellwand, sie kennt also nicht die Beschaffenheit der Gegenseite, wo eine andere Biene arbeitet. Beide drücken mit ihren Fühlern gegen die Wand. Sie haben eine instinktive Vorstellung davon, wie weit die Wand diesem Druck nachgeben darf, wenn die Wanddicke stimmt. Durch ständiges Wachsabschaben vom Rohbau der Wand und kontinuierliche Druckproben entsteht, so diese Theorie, nach und nach die optimale Zellwanddicke in größter Regelmäßigkeit (Martin u. Lindauer 1966; Bauer u. Bienefeld 2013). Kann es so funktionieren?

Neuere Forschungsansätze weisen in eine andere Richtung. Wichtig für diese Sichtweisen ist, dass sie neue Untersuchungs-Techniken einsetzen können und bei der Entwicklung von Theorien nicht mehr allein auf den Augenschein angewiesen sind (Pirk et al. 2004).

So hat die Möglichkeit, Temperaturen im Bienenvolk sehr kleinräumig und genau zu messen, uns ein viel klareres Bild davon beschert, wie an den Wachsbaustellen unterschiedliche Temperaturbereiche verteilt sind. Zusätzlich ermöglicht es die »Thermovision«, also der Einsatz von Wärmebildkameras, diese Temperaturverteilungen sichtbar zu machen. Beides führt im Blick auf den Wabenbau zu ganz neuen Einsichten.

Betrachtet man mit einer Wärmebildkamera eine Wabenbaustelle im Naturwabenbau, dann erkennt man: Am Rand der Wabe liegen die neuen Zellen. Diese haben die Baubienen zunächst rund angelegt, wobei sie den eigenen Körper als Schablone benutzen können. In die frisch gebauten Zellen schlüpfen nun Heizerbienen, die die Wände und Böden auf eine Temperatur von über 40 Grad Celsius bringen. Das erwärmte Wachs wird so geschmeidig, dass jetzt, während die Zellen in die Länge gezogen werden, ein physikalischer Vorgang in Gang kommen kann, der zu der exakten Ausbildung der sechseckigen Wabenstruktur führt. Sechsecke entstehen in der unbelebten und in der belebten Welt nämlich überall da, wo gleichverteilte Kraftquellen gegeneinander wirken. Die innere mechanische Spannung der Wabenwände zieht jetzt das geschmeidig gewordene Wachs so zurecht, dass die dicht gepackten Zylinder der Zellen sechs gerade Wände ausbilden. Diese haben eine vollkommen glatte Oberfläche, weisen eine einheitliche Dicke von etwa 0,07 mm auf und bilden einen Winkel von jeweils exakt 120 Grad. Das Zusammenspiel der physikalischen Eigenschaften des bieneneigenen Baustoffes, des Wachses, führt zusammen mit der Fähigkeit der Bienen, das Wachs aktiv zu erwärmen, also zu einem so faszinierend genauen Ergebnis (Karihaloo et al. 2013). Hätte Johannes Kepler Wärmebilder des Wabenbaus sehen können, hätte er den Bienen wohl kaum mathematisches Talent zuschreiben wollen. Er hätte es dann nämlich auch Seifenblasen zugestehen müssen: Sie zeigen das gleiche

Phänomen. Wenn zwei Seifenblasen zusammenstoßen, entstehen ganz von selbst exakt glatte und gleich dicke, vollkommen ebene Wände zwischen ihnen.

Der Trick, bei geeigneten Materialien aus rund gebohrten Löchern mit Hilfe von Wärme hoch exakte Sechseckmuster entstehen zu lassen, findet sich als Bee-onik im wahrsten Sinne übrigens auch in einem technischen Patent (Melcher et al. 2005) wieder.

In der Honigküche – die Honigmacherinnen

Die Bienen im Wabenbau müssen gleich zwei Mal schwitzen. Zum einen erschwitzen sie den Baustoff, und zum anderen müssen sie ihn auf Temperatur bringen, damit er die richtige Form annimmt. Haben es die Sommerbienen, die sich nicht den Bautrupps anschließen, besser? Sie sind, ebenfalls um den elften Tag ihres Lebens herum, in einen anderen Produktionsbereich der Honigfabrik eingetreten. Ihr Geschäft sind Pollen und Nektar. Sie müssen nicht schwitzen. Als Honigmacherinnen haben sie die Aufgabe, den zurückkommenden Sammelbienen ihre Ladung abzunehmen, denn diese packen ihre kostbare Fracht nicht selbst in die Lagerräume. Die Pollenkugeln nehmen die Honigmacherinnen zwischen die Mundwerkzeuge und tragen sie entweder direkt auf die Brutwaben, wo der Pollen von den Ammenbienen aufgenommen und an die Brut verfüttert wird. Oder sie sammeln die bunten Kugeln und lagern sie in den Zellen einer Pollenwabe ein, indem sie sie mit den Köpfchen fest in die einzelnen Wabenzellen hineinstampfen.

Sammelbienen, die mit Nektar zurückkommen, übergeben diesen in der Nähe des Fluglochs ebenfalls an die Honigmacherinnen. Diese lagern ihn zunächst im unteren Bereich der Honigfabrik, im Erdgeschoss sozusagen, in einer Wabe ein. Andere Honigmacherinnen holen ihn von dort ab und tragen ihn in die nächste Etage, wo wieder andere Honigmacherinnen ihn aufnehmen. Auf diese Weise steigt der Nektar vom Erdgeschoss des Magazins bis in die Belle Etage, den Honigraum.

Haben es die Honigmacherinnen nun einfacher als die Baubienen? Nun ja: Um 100 Gramm Nektar einzulagern, müssen die Sammelladungen von 2.000 Sammelbienen abgenommen werden, denn eine Biene kann etwa 50 bis 60 Milligramm des süßen Saftes transportieren. Ein Volk kann an einem schönen, blütenreichen Frühlingstag aber bis zu 3 Kilogramm Nektar sammeln! Das heißt: An einem solchen Tag wird es stressig für die Honigmacherinnen. 60.000 Mal stehen die Sammlerinnen drängelnd am Flugloch und wollen ihre Fracht abgeben. Und dann muss das Ganze noch etliche Male umgetragen werden! Wenn die Baubienen schwitzen müssen, dann müssen die Honigmacherinnen rennen! Einfach haben es also beide nicht.

Während die Sommerbienen im Bau oder in der Nektaraufbereitung beschäftigt sind, geht eine weitere Veränderung in ihrem Körper vor sich, die sie auf ihre nächsten Aufgaben vorbereitet. Die Giftblase der Arbeiterinnen füllt sich stärker und auch die Produktion der Duftstoffe, mit denen Bienen ihren Schwestern Signale geben können, steigt. Die Sommerbienen bereiten sich darauf vor, den schützenden Stock und den behütenden Kreis ihrer Schwestern zu verlassen. Sie gehen in den Außendienst. Aus der Stockbiene wird die Sammlerin, die Flugbiene.

Hier kommt nicht jede rein – die Türsteherinnen

Einen Teil der Flugbienen zieht es allerdings nicht gleich in die weite Welt. Er nimmt zwischen dem 18. und dem 21. Lebenstag zunächst Aufstellung am Flugloch. Als Wächterinnen kontrollieren sie die einfliegenden Bienen. Darf sie hinein oder nicht? Kommt da Freund oder Feind? Bienen erkennen dies am Geruch. Stockschwestern haben den gleichen Körpergeruch wie die Wächterinnen selbst und werden durchgelassen. Wen die Wächterinnen aber »nicht riechen können«, der bekommt ein Problem. Versucht z.B. eine Biene aus einem anderen Volk einzufliegen, dann wird sich die Wächterin zunächst drohend aufrichten und versuchen, die Fremde abzudrängen. Meist bemerkt diese dann, dass sie sich verflogen hat, und verschwindet wieder. Wenn sie aber tatsächlich die Absicht hat einzubrechen, dann kommt der Stachel zum Einsatz. Die Wächterin versucht, die Angreiferin zu töten. Man sieht dann zwei Bienen auf dem Flugbrett, die sich im Versuch, der jeweils anderen als Erste den tödlichen Stich zu setzen, mit den Beinen gepackt haben und miteinander ringen. Die Wächterin ist allerdings im Vorteil, denn sie kann Hilfe holen: Wird sie der Rivalin nicht Herr, gibt sie den Alarmduftstoff ab. Schnell sind andere Wächterinnen da und dann wird es für die Eindringende eng. Sie tut gut daran, den Einbruchsversuch aufzugeben und zu verschwinden.

Allerdings sind solche Kampfszenen im Normalfall eher selten, denn Angriffe auf andere Völker sind die Ausnahme und so oft verfliegen Bienen sich auch nicht, denn sie kennen den Weg zur eigenen Haustür sehr genau. Sie sind »eingeflogen«, wie Imkerinnen sagen, d.h., dass Bienen, ähnlich wie ein Flugzeug auf einem Leitstrahl, den Landeplatz am Eingang des Kastens finden und ohne Sucherei auch genau dorthin fliegen. Allerdings erkennen sie nicht exakt ihren eigenen Bienenkasten, sondern nur Ort und Lage des Flugloches, von dem aus sie starten und in das sie zurückkehren. Imker machen sich das zu Nutze, wenn sie beispielsweise ein schwaches Volk mit Flugbienen aus einem starken

Volk aufpäppeln wollen. An einem sonnigen Tag, wenn viele Flugbienen unterwegs sind, einfach die stark besetzte Honigfabrik zur Seite rücken und an diese Stelle die schwach besetzte Firma stellen. Die zurückkehrenden Flugbienen fackeln nicht lange: Da, wo immer der Landeplatz war, ist jetzt auch einer, also marschieren sie in das fremde Volk. Die Wächterinnen dort sind anfangs natürlich etwas aufgeregt. Haufenweise fremde Bienen! Noch dazu ruppige Mädchen aus dem Außendienst. Aber die schiere Zahl der anfliegenden Fremden lässt ernsthaften Widerstand gar nicht erst aufkommen. Außerdem sind die Wächterinnen bestechlich und die Fremden bringen etwas Kostbares mit: In ihrer »Honigblase«, einer Art Kropf am Ende der Speiseröhre vor dem eigentlichen Verdauungstrakt, tragen die anfliegenden Bienen Nektar, den sie den wartenden Honigmacherinnen bereitwillig übergeben.

Wie dieses »Sich-Einfliegen« genau funktioniert, ist etwas unklar. An warmen Tagen kann man manchmal um die Mittagszeit ein interessantes Phänomen an Bienenvölkern beobachten: Eine Menge Bienen kommt nach draußen, fliegt aber nicht davon, sondern bleibt auf und ab fliegend als recht große, schwirrende Wolke vor dem Flugloch stehen. Stehen mehrere Völker beieinander, dann kann man das Summen dieser Wolken manchmal schon aus vielen Metern Entfernung hören. Man glaubte lange, dass es sich hier um das sogenannte »Vorspielen« der Stockbienen handelt, die demnächst als Flugbienen in den Außendienst der Honigfabrik gehen würden. Man meinte, durch die Herumfliegerei vor dem Flugloch würden sich diese die Umgebung einprägen, damit sie nach einem Ausflug ihr Zuhause wiederfinden könnten. Das Abfangen der Vorspielwolken mit Netzen hat dann aber gezeigt, dass die Wolken in der Mehrzahl von erfahrenen Flugbienen gebildet werden. Mit dem Einfliegen auf den Standort scheinen die Vorspielgruppen darum nichts zu tun zu haben. Es gibt für ihr Auftreten mittlerweile auch eine andere Theorie, von der später noch die Rede sein wird.

Vielleicht lernen Stockbienen den Weg nach Hause darum einfach dadurch kennen, dass sie mit erfahrenen Sammlerinnen mitfliegen? Es ist möglich, mittels Radartechnik die Flugspuren der zuerst ausfliegenden Bienen eines Stockes aufzuzeichnen. Diese entfernen sich vom Stock und kommen auf gleicher Bahn wieder zurück. So zeichnen sie ein sternförmiges Flugmuster in die Luft. Vielleicht legen sie ein Duftfeld um den Stock an? Wir wissen es nicht. Und da es bisher immer nur jeweils einzelne Bienen sind, deren Flugspuren man registrieren kann, bleibt unklar, ob alle Erstausflieger das so machen oder nur einzelne. Es könnte auch sein, dass junge Sammlerinnen, die neu im Geschäft sind, Duftspuren der erfahrenen Sammlerinnen folgen. Tatsächlich spielen nämlich Düfte eine große Rolle für die Orientierung der Bienen. Es gibt sogar eine Spezialeinheit unter den Flugbienen, die genau diese Aufgabe hat: Duftspuren zu legen.

Spezialkräfte im Außendienst – die Spurbienen

Spurbienen sind in der Honigfabrik das, was Prospektoren für Unternehmen sind, die Erze abbauen oder Öl gewinnen. Sie sind die Scouts. Sie suchen neue Quellen für die Rohstoffe, die das Volk für seine Entwicklung und für sein Überleben braucht. Herrscht Wassernot, dann machen sich die Spurbienen auf, eine Wasserquelle zu finden. Braucht das Volk Pollen, dann wird nach Pollenquellen Ausschau gehalten, und gilt es, eine neue Wohnung zu finden, betätigen sich die Spurbienen als Immobilienscouts, wie wir später noch genauer sehen werden. Vor allem aber ist es die Aufgabe der Spurbienen, lohnende Quellen für den wichtigsten Rohstoff der Honigfabrik auszukundschaften, für den Nektar.

Eine Spurbiene ist Individualistin. Sie ist am Morgen die Erste, die den Stock verlässt. Sie ist allein unterwegs, manchmal weit vom Stock entfernt: Man findet sie in einem Radius von bis zu fünf Kilometern um diesen herum. Hier fliegt die Spurbiene Blüten an und prüft den Nektargehalt. Sie verschafft sich einen Überblick darüber, wie viele Blüten mit demselben Nektar es vor Ort gibt, und weiß, wie weit vom Stock entfernt die Nektarquelle zu finden ist. Ist das Nektarangebot vor Ort so groß, dass es sich lohnt, die Quelle anzufliegen? Werden sammelnde Bienen mehr Energie in den Stock eintragen, als sie für Hin- und Rückflug verbrauchen? Wenn die Spurbiene den Eindruck hat, dass dies der Fall ist, markiert sie Blüten mit einem Duft, nimmt eine Nektarprobe und Pollen und fliegt zum Stock zurück. Hier informiert sie die Sammlerinnen: Mit dem sogenannten Schwänzeltanz teilt sie den Kolleginnen das Gebiet mit, in dem die Trachtquelle liegt, die Nektarprobe macht klar, um welche Blüten es geht, deren Duft und Pollen sie außerdem an ihrem Körper trägt. Mit diesen Informationen ausgestattet, machen sich die rekrutierten Sammlerinnen auf den Weg.

Vielseitig, abgebrüht und kampferprobt – Sammlerinnen

Diese machen den größten Teil der Flugbienen aus. Von den Spurbienen mit den nötigsten Grobinformationen über die Richtung und Entfernung der Trachtquelle sowie über die Art der Tracht ausgestattet, verlassen sie den Stock. Haben sie das Gebiet, in dem sich die Nektarquelle befindet, erreicht, führen sie der Blütenduft, der Duft, den die Spurbienen hinterlassen haben, sowie

Kolleginnen, die an der Trachtquelle sind und ebenfalls Duftspuren legen, ins Ziel. Jetzt wird Nektar gesaugt, bis die Honigblase voll ist, und dann schnell zurück nach Hause, wo die Honigabnehmerinnen schon warten. Andere Sammlerinnen haben die Aufgabe, Pollen zu holen, wieder andere kümmern sich um das Einbringen von Propolis. Aber davon wird später noch die Rede sein.

Drei bis vier Wochen nimmt eine Sommerbiene diese Sammelaufgaben wahr. Aus der jungen Putz- und Ammenbiene wird in dieser Zeit eine erfahrene und abgebrühte Außendienstlerin. Hatte sie in ihrer Jugend ein puscheliges Haarkleid auf ihrem Brustkörper, so entwickelt sich dort nun langsam eine Glatze, weil die Härchen durch das dauernde Geschubbere an den Schwestern in der Enge des Stockes weniger werden. War sie als Jungbiene noch sehr friedlich und etwas unbedarft, so ist sie nun welterfahren, mit einer vollen Giftblase ausgestattet und nicht immer freundlich. Imker und Imkerinnen bearbeiten ihre Bienenvölker im Frühjahr und frühen Sommer darum am liebsten an guten Flugtagen gegen Mittag. Denn dann sind die Völker oft sehr ruhig und friedlich. Gewöhnlich wird das damit erklärt, dass in dieser Zeit die meisten Flugbienen unterwegs seien. Die aggressivsten Amazonen sind also nicht zu Hause. Aber: Stimmt das eigentlich?

Zu müde zum Angriff – vom Schlaf der Honigbienen

Im Sommer starten die Sammelbienen ihren Arbeitstag bei gutem Wetter gegen 6.00 Uhr und beenden ihn nach 20.00 Uhr. Registriert man in dieser Zeit die Flugaktivität am Stockeingang, dann zeigt sich etwas Sonderbares: Es gibt im Sommer um die Mittagszeit herum eine Phase, in der die Zahl der Starts und Landungen deutlich abnimmt.

Offensichtlich machen viele Bienen nach den Anstrengungen des Vormittages erst einmal eine Mittagspause. Halten sie vielleicht ein Nickerchen?

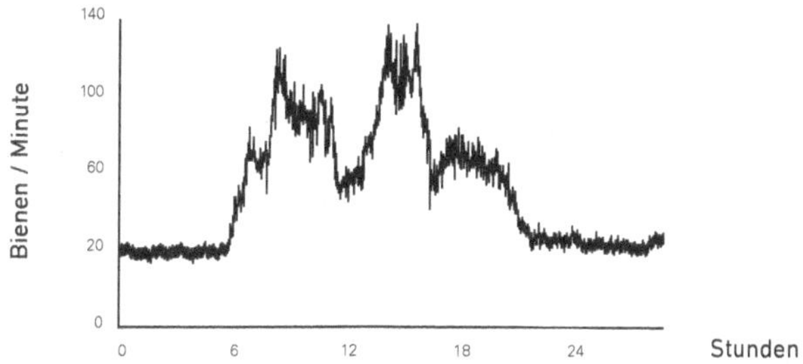

Abb. 7

Flugaktivität (Anzahl der aus-/einfliegenden Sammelbienen pro Minute) am Stockeingang an einem typischen Sommertag, hier vom 12. Juni 2013, aus dem Datenspeicher des HOBOS-Projektes. Um 13.00 Uhr herrscht am Flugloch relative Ruhe.

Fest steht: Auch Bienen müssen schlafen. Wenn ihre Antennen entspannt nach unten sinken, ihre Muskelspannung abnimmt und sie langsamer atmen (vgl. Abb. 3), fallen Honigbienen in den Schlaf. Martin Lindauer, einer der Gründerväter der deutschen Bienenforschung, hat schon 1952 auf die »müßigen« Honigbienen hingewiesen (Lindauer 1952). Die systematische Erforschung des Bienenschlafes hat Walter Kaiser mit einer Publikation im Jahre 1988 eröffnet (Kaiser 1988). Nachfolgende Wissenschaftler haben dann herausgefunden: Wenn Honigbienen nicht schlafen, leiden ihr Erinnerungsvermögen, ihre Kommunikations- und Konzentrationsfähigkeit (Menzel 2014). Unausgeschlafene Bienen können ihre Wege zu den Futterquellen oder zurück zum Stock nur noch mühsam finden und ihre

Botschaften an ihre Artgenossinnen sind nicht mehr so präzise.

Wieviel Schlaf braucht eine Honigbiene aber, um ausgeschlafen zu sein? Pauschal lässt sich diese Frage nicht beantworten, da das Schlafbedürfnis der Biene von ihrer Aufgabe im Stock und ihrem Reifegrad abhängt. Das Schlafmuster der Honigbienen ist berufsgruppenspezifisch. Jede Arbeiterin hat im Laufe ihres Lebens nacheinander verschiedene Berufe, wie bereits ausführlich beschrieben wurde. Erst im Stock, dann außerhalb: Sie ist z.B. erst Putzbiene, dann Ammenbiene und später Honigmacherin. Dann, in der letzten Phase ihres kurzen Lebens, geht sie als Sammelbiene auf Futtersuche. Das Schlafverhalten ist dabei so unterschiedlich wie die Welten, in denen sich die Bienen im Laufe ihres Lebens bewegen.

Die jungen Arbeiterbienen im Stock nehmen sich innerhalb von 24 Stunden immer wieder kurze Auszeiten von maximal 30 Minuten. Es gibt keinen Tag-Nacht-Rhythmus, schlafen können sie jederzeit. In der Summe schlafen sie dabei vier bis sechs Stunden innerhalb von 24 Stunden. Hierfür suchen sie meistens leere Wabenzellen im Zentrum des Stocks auf. Mit der HOBOS-Endoskopkamera (siehe: www.hobos.de) wurde auch eine neue Schlafhaltung der Honigbienen entdeckt: Die Bienen klemmen sich mit Kopf und Hinterleib zwischen zwei Wabenzellen und lassen die Füße und die Antennen baumeln. Von allen Innendienstbienen schlafen die Honigabnehmerinnen am längsten.

Wenn die Honigbienen vom Innendienst in den Außendienst wechseln, verschieben sich ihre Schlafmuster und Ruheorte. Die Sammelbienen schlafen nicht im Zentrum, sondern am Rand der Waben, wo sie mehr Ruhe finden als im Zentrum des Nestes, wo sie ständig von wuselnden Nestgenossinnen angerempelt werden (Klein et al. 2014). Die älteren Sammlerinnen haben den besseren Schlaf. Sie schlafen tiefer und ihre Leiber kühlen dabei auch stärker ab. Im Gegensatz zu ihren Innendienst-Nestgenossinnen entwickeln sie einen deutlichen Tag- und Nachtrhythmus. Das macht auch Sinn, denn sie erleben ja Tag und Nacht im Gegensatz zu den Innendienstbienen, die an einem dauerdunklen Arbeitsplatz im Einsatz sind.

Toll, eine andere macht's – Warum Bienen faul sein dürfen
Bienen sind aber nicht nur Schlafmützen, sie sind auch ziemlich faul. Wer vor einem summenden Bienenstock steht und den emsigen Flugverkehr der Sammelbienen beobachtet, wird zwar gerne glauben, dass die Honigbienen »bienenfleißig« sind. Aber der Augenschein hält einer genauen Nachprüfung nicht stand. Der Leiter der Wiener Imkerschule Theodor Weippl hat sich schon 1928 mit der Frage befasst, wie fleißig die Bienen eigentlich sind. Die Ergebnisse seiner Beobachtungen und Berechnungen hat er im Archiv für Bienenkunde veröffentlicht (AfB 9/1928, 70ff.). Anhand der verbrauchten Menge an Honig und Pollen sowie der Menge des von einem Volk erzeugten Wachses errechnete er einen Wert von täglich 2,8 Ausflügen für jede Arbeitsbiene über eine Zeitspanne von 21 Tagen.

Das ist keine besonders beeindruckende Zahl. Musste Weippl sich nicht verkalkuliert haben? Konnte es tatsächlich sein, dass die fleißigen Lieschen aus der Honighöhle in Wahrheit faule Mädchen waren? Die Skepsis gegenüber Weippls Werten gründete zunächst vor allem in der Tatsache, dass man im Dressurexperiment einzelne Bienen dazu bringen kann, erheblich mehr Tagesausflüge zu unternehmen. Ist das Flugverhalten einer dressierten Arbeitsbiene unter Versuchsbedingungen aber mit dem Verhalten identisch, das Arbeitsbienen in einem frei sammelnden Bienenvolk zeigen? Ein weiteres Experiment konnte Aufschluss geben: In einem Bienenvolk von 4.000

Tieren, untergebracht in einem Beobachtungsstock, wurden markierte Sammelbienen von 5.00 Uhr früh bis zum Ende der Sammelaktivität zwischen 19.00 und 21.00 Uhr abends beobachtet. Das Augenmerk lag dabei vor allem auf zwei Aspekten: Wieviel Prozent der Sammelbienen gehen tatsächlich auf Sammelflüge und wie oft verlässt jede Sammelbiene täglich den Stock? Die Beobachtungen fanden über sechs Zeiträume von je drei Tagen gleichmäßig verteilt über die Monate Mai, Juni und Juli statt (Thom et al. 2000).

Festgestellt werden konnte: Je nach Witterung, Futtersituation im Stock und Trachtangebot gingen zwischen 0 % und 70 % der Bienen des Volkes auf Sammelflüge. Verfolgte man 50 rein zufällig herausgegriffene Tiere rund um die Uhr, so zeigte sich Überraschendes: Die mittlere Anzahl der täglichen Ausflüge lag bei nur 3,4. Dabei absolvierte die fleißigste Biene zehn Sammelflüge an einem Tag, etliche Bienen beließen es aber auch nur bei einem einzigen Ausflug. Die meisten Bienen hoben vier Mal vom Flugbrett ab. Sieht Fleiß nicht anders aus?

Das Ganze erscheint in einem etwas anderen Licht, wenn wir auf das Ergebnis dieser – bezogen auf die Einzelbiene – moderaten Sammeltätigkeit schauen: Nehmen wir an, dass ein starkes Volk im Sommer einen Tagesrekord von 5 Kilogramm Nektar eintragen kann. Nehmen wir weiter an, das Volk besteht aus 50.000 Tieren, eine Volksstärke, die im Sommer nichts Ungewöhnliches darstellt. Nehmen wir drittens an, dass die Hälfte aller Bienen an dem betrachteten Tag auf Sammel-Tour geht. Da eine Biene pro Sammelflug im Mittel 50 Milligramm Nektar einträgt, lässt sich die Anzahl der für das angestrebte Tagesergebnis notwendigen Sammelflüge leicht ausrechnen: Für jedes Gramm müssen die Bienen 20-mal fliegen, für 5 kg also 100.000-mal. Bei 25.000 Sammelbienen ergibt das pro Sammelbiene genau vier Ausflüge täglich. Die im Experiment beobachtete Zahl der Sammelflüge liegt also vollkommen im Soll. Ja, mit dieser Leistung erreicht ein Bienenvolk sogar einen Rekordeintrag an Nektar!

Zu sehr ähnlichen Werten kamen Forschungen, bei denen Arbeiterinnen zum Zeitpunkt ihrer Geburt mit RFID-Chips versehen wurden, winzigen Rucksäcken, die auf dem Rücken des Brustabschnittes der Bienen befestigt wurden. Damit konnte automatisch erfasst werden, wie oft diese Bienen als Sammlerinnen den Stock verließen. Auch hier zeigte sich: Normal sind zwischen drei und zehn Ausflüge täglich (Bock 2005).

Das Bienenvolk insgesamt vollbringt erstaunliche Leistungen hinsichtlich der eingetragenen Menge des Nektars also nicht, weil die Sammlerinnen so fleißig sind. Im Bienenvolk zeigt sich vielmehr, dass Teamarbeit sehr effektiv ist und das Wort »Team« eben auch eine Abkürzung ist für: »Toll, eine andere macht's!«

2. Routenplaner im Blütenmeer: Der Bienentanz – mit altem Wissen neu gedacht

An der Frage nach dem Bienenfleiß wird deutlich: Manche Dinge verhalten sich ganz anders, als der erste Augenschein uns zu denken eingibt. Führen neue Methoden der Beobachtung und Analyse zu neuen Daten, dann erkennen wir, dass unser erstes Urteil nicht der Wirklichkeit entspricht. Aber nicht nur neue Daten führen zu veränderten Urteilen. Löst man sich von der gewohnten Betrachtungsweise bestimmter Sachverhalte, dann können auch alte Daten zu völlig neuen Interpretationen des Beobachteten führen. So verhält es sich auch mit der »Tanzsprache« der Bienen. Wir haben oben schon gehört, wie wichtig diese

Form der Kommunikation für die Honigbienen ist. Mit Hilfe der Tanzsprache informieren die Spurbienen die Sammlerinnen im Stock über lohnende Nektarquellen. Wie aber funktioniert diese Kommunikation eigentlich genau?

Basierend auf den nobelpreisgekürten Arbeiten von Karl von Frisch (1886 – 1982), wird diese Frage gewöhnlich etwa so beantwortet: Spurbienen oder Sammelbienen, die die Nektarquelle schon kennen, geben im Schwänzeltanz Richtung und Entfernung des Ortes wieder, an dem sie den Nektar gefunden haben. Nachtänzerinnen finden dieses Ziel anhand der Information, die sie aus der Tanzbewegung ablesen. Oder mit den Worten von Karl von Frisch: »Sammelbienen, die an einer guten Futterstelle verkehren, bringen auch an ferne und versteckt gelegene Stellen rasch Neulinge heran. Die werden nicht zum Ziel geleitet, sondern zum Ziel geschickt. Der Schwänzeltanz verkündet ihnen neben der Entfernung einer Futterquelle auch die Richtung zu ihr.« (von Frisch 1965, S. 236) Die grafische Wiedergabe dieser Vorstellung hat wohl schon jeder Schüler einmal zu Gesicht bekommen:

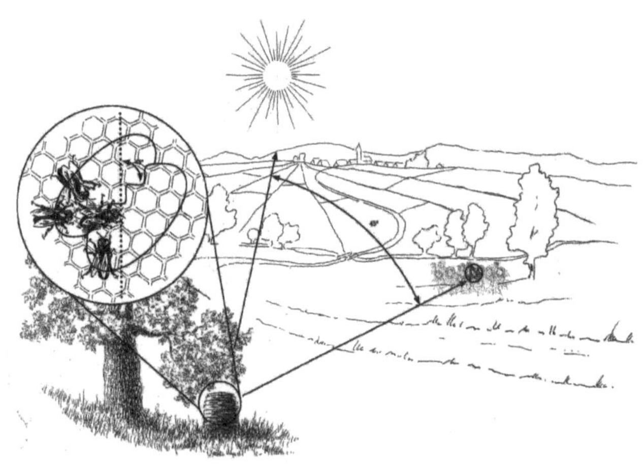

Abb. 8

Die bekannte Darstellung der Tanzsprache nach Karl von Frisch (erstmals in dieser Form publiziert in von Frisch 1965, S.137). Der Tanz gibt durch die Figur der Schwänzeltanzbewegung die Richtung und Entfernung eines Futterplatzes wieder (aus Tautz 2015).

Ist das aber so einfach? Bildet dieses einfache Modell tatsächlich die Komplexität der Kommunikation in einem Bienenvolk ab? Fragen wir zunächst, wie dieses Modell entstanden ist.

Karl von Frisch hatte beobachtet, dass von einer Futterquelle zurückkehrende Sammlerinnen auf einer Wabe sehr auffallende Laufbewegungen mit ausgeprägten Seitwärtsbewegungen des Hinterleibs ausführten. Hierbei kehrten sie immer wieder im Wechsel nach rechts oder links zum Anfang zurück, sodass sich eine Laufstrecke in Form einer 8 ergab. Dieses Verhalten bezeichnete er als »Bienentanz«. Frisch hatte die Idee, dass diese Tänze einer Ortsübermittlung dienen könnten. Zwei wichtige Beobachtungen veranlassten ihn zu dieser Annahme: (1) Dort, wo eine Tänzerin sammelte, tauchten bald auch andere Bienen, sogenannte »Rekrutinnen«, auf. (2) Die Tanzbewegungen der Sammlerinnen änderten sich je nach Lage der Futterstelle im Feld bzw. bei gleichbleibendem Futterplatz mit dem Lauf der Sonne, die offenbar als Bezugspunkt für die Tanzbewegungen diente.

Seine Idee, die Bienen übermittelten mittels einer Tanzsprache Ortsangaben, testete von Frisch in seinen berühmten Stufen- und Fächerversuchen. Ziel war es, zu überprüfen, ob die Rekrutinnen einer Zielangabe im Tanz tatsächlich folgten. Stufenversuche sollten dabei überprüfen, ob eine Entfernungsangabe übermittelt wird, die Fächerversuche, ob eine Richtungsangabe erfolgt.

Wie lief das ab? Schauen wir uns einmal den Stufenversuch vom 3. September 1962 an: In einer bestimmten

Entfernung vom Bienenstock (hier 300 Meter) wurde ein Futterplatz – ein Schälchen mit Zuckerwasser, das zusätzlich mit einem Duftstoff attraktiv gemacht wurde – eingerichtet (F in Abb. 9). Sieben farblich markierte Sammelbienen wurden auf diesen Platz dressiert, d.h. sie flogen sich auf diesen Futterplatz ein. Diese Bienen rekrutierten innerhalb von 2,5 Stunden 80 Neulinge zur Futterstelle, die dort alle abgefangen wurden. Entlang der Linie »Bienenstock – Futterplatz« wurden außerdem sieben Kontrollstationen eingerichtet, die genau wie der Futterplatz, also ebenfalls beduftet, beschaffen waren, aber kein Futter anboten. Innerhalb der 2,5 Stunden Beobachtungszeit wurden auch an diesen Kontrollstellen Neulinge beobachtet, sodass sich folgendes Bild ergibt:

Abb. 9

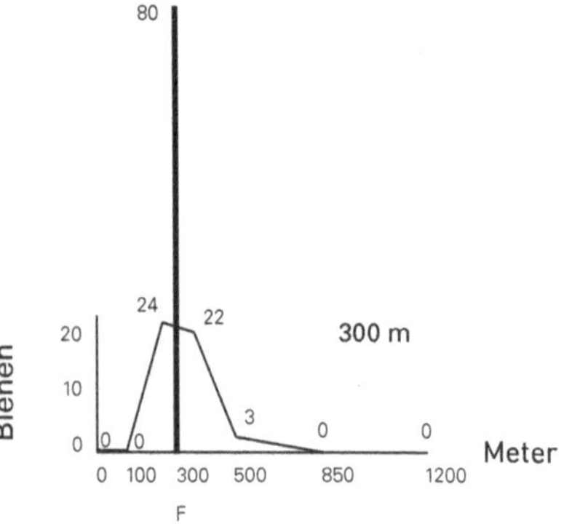

Ein Schaubild von Karl von Frisch aus dessen Buch von 1965 (Frisch 1965, S. 94) zeigt, wie viele Rekruten an den nicht mit Futter ausgestatteten Kontrollstationen auftauchten. Diese Abbildung wurde für die hier angestellten Überlegungen nachträglich erweitert um die Anzahl der Rekrutinnen (schwarzer Balken), die am Futterplatz F gelandet sind, also genau dort, wo auch die erfahrenen Bienen gesammelt haben.

Deutlich wird: (1) An den Kontrollstationen treffen umso mehr Bienen ein, je näher diese Kontrollstationen zum Futterplatz F liegen. (2) An dem Ort, an dem erfahrene Sammelbienen verkehren, treffen doppelt so viele Rekrutinnen ein wie an sämtlichen Kontrollstationen zusammen. Diese Beobachtung wirft die Frage auf, wie genau eigentlich die Ortsangabe ist, die die erfahrenen Sammelbienen den Nachtänzerinnen geben. Um hier eine Antwort zu finden, müssen wir uns den Schwänzeltanz noch einmal genau ansehen.

Mit welcher Genauigkeit sind die Tanzbewegungen messbar?

Mit der Frage, ob eine Beziehung zwischen den Tanzmustern und der Position des Zieles existierte, maßen von Frisch und seine Mitarbeiter die Ausrichtung der Schwänzelstrecke des Tanzes gegenüber der Lotrechten. Abb. 10 zeigt einen Ausschnitt aus einem Originalprotokoll zur Vermessung der Tänze. Man sieht hier die Tanzwinkel auf 0,5 Winkelgrad genau angegeben.

69) 25. VIII [illegible]

[illegible]

	Bienen Nr	Tanzwinkel	[illegible]	[illegible]	[illegible]	[illegible]
9^10	103	ca 230°	130°	119,5°	150,5 ca.	-20
9^11	43	213°	147°	119,5°	150,5°	-3
9^13	106	224°	136°	120°	150°	-1
9^15	40	222°	138°	120,5°	149,5°	-11
9^16	48	218°	142°	121°	149°	-7
"	48	210°	150°	121°	149°	+1
9^17	60 (Rums)	ca 221°	ca 139°	121°	149° ca.	-1c
9^18	45	228°	132°	121,5°	148,5°	-16
9^20	43	220,5°	139,5°	122°	148°	-8
9^21	43	213,5°	146,5°	122°	148°	-1
"	104	208,5°	151,5°	122°	148°	+3
9^22	101	208,5°	151,5°	122,5°	147,5°	+4
"	103	211,5°	148,5°	122,5°	147,5°	+1
9^23	50	219°	141°	122,5°	147,5°	-6
9^24	106	222°	138°	123°	147°	-9
"	41	210°	150°	123°	147°	+3
9^28	40	209°	151°	124°	146°	+5

Abb. 10

Tabelle aus einem Original-Versuchsprotokoll von Karl v. Frisch (aus Kreuzer 2010).

Dass diese Genauigkeit de facto aber kaum zu ermitteln ist, macht ein Blick auf Abb. 11 klar, in der die Tanzbewegung einer Sammlerin mit heute möglichen optischen Verfahren erfasst und dargestellt ist (Landgraf et al. 2011). Hier wird deutlich, dass das in Abb. 8 gezeigte Tanzmuster stark idealisiert ist. Wie will man aus der Bewegungsspur, die eine Tänzerin zurücklässt, einen exakten Winkelwert ermitteln? Bei den Angaben von von Frisch handelt es sich, wie wir heute feststellen müssen, also eher um Schätzungen als um exakte Messungen.

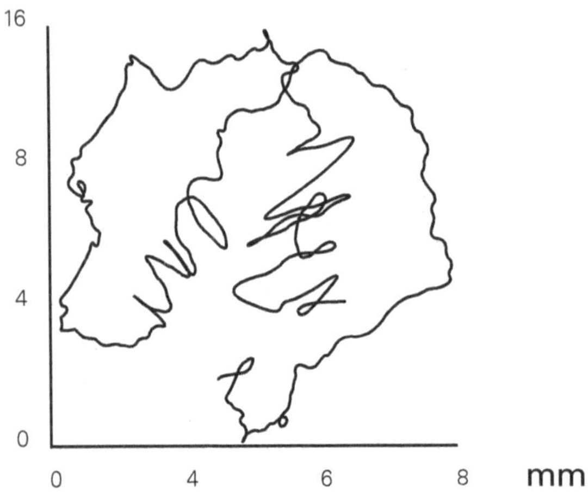

Abb. 11

Exakte Wiedergabe eines Tanzmusters (die Bewegung der Tänzerin über die Tanzfläche) zweier aufeinanderfolgender Tanzrunden, mit denen eine Tänzerin für ein Ziel in 215 Metern Entfernung wirbt (aus Landgraf et al. 2011).

Und ähnlich sieht es aus, wenn wir uns der Frage zuwenden, mit welcher Genauigkeit Bienen die Entfernung zwischen Stock und Futterplatz mitteilen. Je weiter der Futterplatz nämlich vom Bienenstock entfernt aufgebaut wird, desto ähnlicher werden sich die Tänze, bei erheblichen Unterschieden in der wahren Distanz. Es ist also keineswegs eine bestimmte Strecke mit einer bestimmten Anzahl von Schwänzelbewegungen streng verknüpft. Vielmehr ist zu beobachten, dass die Zahl der Schwänzelbewegungen zunächst deutlich ansteigt, wenn der Futterplatz zunehmend weiter entfernt wird. Je größer aber die Distanz zwischen Stock und Futterplatz wird, desto langsamer nimmt die Zeitdauer des Schwänzelns zu. Es ist also nicht so, dass es ein lineares Verhältnis zwischen der Anzahl der Schwänzelbewegungen und der tatsächlichen Entfernung gäbe. Dadurch werden die Angaben der weit fliegenden Bienen immer unklarer, weil sich ihre Tänze für weiter vom Stock entfernt liegende Ziele immer ähnlicher werden, obwohl die Bienen tatsächlich ganz unterschiedlich weit geflogen sind. Aber damit nicht genug. Es kommt eine weitere Komplikation ins Spiel.

Die Dauer des Schwänzeltanzes, d.h. die Zahl der Schüttelbewegungen, die eine tanzende Biene in der Tanzphase ausführt, verändert sich zwar, wenn die Entfernung zwischen Stock und Futterplatz sich verändert. Und dabei wird wie erläutert die Mitteilung der Entfernung immer unklarer, je weiter der Futterplatz weg ist. Fraglich ist aber, ob wenigstens immer das gleiche Maß an Unklarheit herrscht, egal in welchen Gegenden die Bienen auf Sammeltour gehen. Leider ist nicht mal das der Fall.

Bienen haben nämlich einen optischen Kilometerzähler (Esch u. Burns 1995; Srivasan et al. 2000). Sie können an den Strukturen der Landschaft, die sie während eines Fluges wahrnehmen, die Entfernung zwischen einem Ziel und ihrem Stock abschätzen (Tautz et al. 2004). Allerdings ist dieser Entfernungsmesser extrem stark beeinflussbar von der Beschaffenheit der Landschaft, durch die eine Biene fliegt, und darum äußerst ungenau. 20 Schwänzelbewegungen können eine Entfernung von 80 Metern bedeuten, wenn die Biene durch eine komplex strukturierte Landschaft geflogen ist. Flog sie dagegen über ein eintöniges Kornfeld ohne Landmarken am Horizont, können 20 Bewegungen auch für 180 Meter stehen (Esch et al. 2001). Stellen wir uns also zwei Tänzerinnen aus einem Stock vor, der an einem Feldweg steht. Auf der einen Seite des Feldweges befindet sich ein Kornfeld, dahinter in 180 Metern Entfernung eine Obstbaumwiese mit blühenden Bäumen. Auf der anderen Seite gibt es einen Hof mit einigen Gebäuden und dahinter in 80 Metern Entfernung ebenfalls eine Obstbaumwiese. Eine unserer Tänzerinnen fliegt zur Obstbaumwiese hinter dem Kornfeld, die andere zur Obstbaumwiese am Hof. Beide Tänzerinnen können reiche Nektarquellen melden und sie tun es mit etwa derselben Schwänzelfrequenz. Die, die über den Hof geflogen ist, »meint« damit aber 80 Meter, die, die über die Kornwiese flog, »meint« 180 Meter. Dazu kommt noch ein drittes Problem.

Zwei Tänzerinnen, die exakt die gleiche Strecke zwischen Stock und Futterplatz befliegen und davon tanzend im Stock berichten, zeigen beileibe nicht dasselbe Tanzbild. Das stellte auch Karl von Frisch fest und bemerkt dazu in einer Publikation aus dem Jahre 1957 (v. Frisch u. Jander 1957): »Die durch die Tänze ausgesandten Bienen fliegen das Ziel mit größerer Genauigkeit an, als nach der Streuung (im Erscheinungsbild der Tänze, der Verf.) ... zu erwarten wäre.« Seine Erklärung für dieses Phänomen: »Man kann daraus entnehmen, dass sie bei der Verfolgung der Tänze mehrere Einzelwerte mitteln.« Ist das aber von den Bienen nicht ein bisschen viel verlangt? Ist es tatsächlich plausibel zu vermuten, dass Rekrutinnen vielen Tänzen folgen, wissend, dass die Angaben der Schwestern so genau nicht sind, und dann einen Mittelwert errechnen, der sie ins Ziel führt, wobei die anderen hier beschriebenen Ungenauigkeiten noch nicht einmal berücksichtigt sind?

Es sieht also so aus, dass Karl von Frisch ein Modell entwickelt hat, das vieles zur Klärung der Frage beiträgt, wie Bienen einander die Position von Trachtquellen mitteilen. Aber dieses Modell beantwortet die Fragen nicht so abschließend, wie von Frisch annahm und es bis heute gerne behauptet wird. Und tatsächlich fliegen Bienen, wie wir heute mit moderner Radartechnik darstellen können, in einem breiten Richtungsfächer aus, wenn sie Tänzerinnen im Stock gefolgt sind, und nicht präzise wie an der Schnur gezogen auf einer Linie (Riley et al. 2005).

Dass die Ausprägung dieser Richtungsfächer im Tanz der Sammelbienen selbst seine Ursache hat, zeigt ein Versuch, dessen Ergebnis Abbildung 12 dokumentiert:

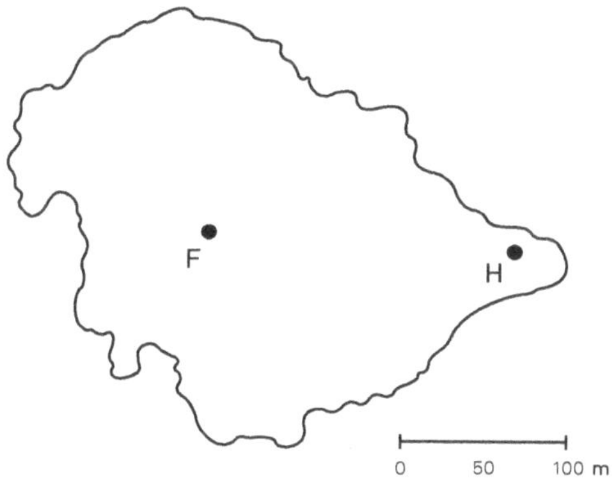

Abb. 12

Eine Schar von Sammelbienen wurde von einem Bienenstock H zu einem Futterplatz F hin dressiert. Für jede Tanzrunde der Werbetänze dieser Bienen wurde nach dem klassischen Modell ein Zielpunkt berechnet. Die Linie umfährt das Gebiet, in dem 90 % von mehr als 1.000 aus den Tänzen berechneter Zielorte lagen (nach De Marco et al. 2008).

Im Stock H werden 20 Sammelbienen auf den Futterplatz F dressiert, der in 248 Metern Entfernung vom Bienenstock liegt. Dann werden mit Hilfe moderner Videotechnik die Tanzfiguren der Sammlerinnen im Stock aufgezeichnet und nach der Methode Karl von Frischs ausgewertet. Die Analyse von 1.300 aufgenommenen Tanzfiguren der 20 Sammelbienen ergibt – und das zeigt Abbildung 12 – ein weites Feld von Zielangaben. 90 % aller Tänze weisen in die mit der Linie bezeichnete Fläche. Nur 15 % auf ein Gebiet, das sich in einem Radius von 50 Metern um die Futterstelle erstreckt. Bienentänze weisen also nicht auf ein präzises Ziel wie z.B. einen Baum hin, sondern auf das Zielgebiet, in dem der Baum steht. Wie aber finden die im Zielgebiet angekommenen Bienen nun präzise die Nektarquelle?

Immer der Nase nach!

Auch bei der Antwort auf diese Frage können wir auf eine Beobachtung zurückgreifen, die Karl von Frisch bereits 1923 und somit lange, bevor er sein Tanzmodell entwickelte, machte. Zu dieser Zeit war nach seiner Meinung die Anwesenheit und Aktivität erfahrener, mit dem Zielort vertrauter Bienen für den Rekrutierungserfolg an eben diesem Zielort wesentlich. Ihm fiel nämlich auf, dass Bienen, die das Ziel bereits angeflogen hatten, dort Aufmerksamkeit erregende sogenannte »Brauseflüge« aufführten. Dabei stülpen die Bienen ihr Duftorgan, die sogenannte Nasanov-Drüse aus, die den Duftstoff Geraniol bildet, und verteilen den Duft in der Luft. So entsteht ein hoch effektives Locksignal. Eine Tabelle, in der Frisch seine Beobachtungen festhält (v. Frisch 1923, 160), zeigt, dass bei »reicher« Fütterung 46 von 64 anfliegenden Bienen für ihn erkennbar ihr Duftorgan ausgestülpt hatten und Brauseflüge veranstalteten. Bei »spärlicher« Fütterung dagegen zeigte von 33 anfliegenden Bienen keine einzige den

Brauseflug. Diese sehr spannende Kopplung von Schwänzeltanz und Brauseflug wurde erst jüngst wieder durch eine Schülerinnengruppe im Rahmen des Wettbewerbs »Jugend forscht« (Gymnasium Wendelstein 2017) gezeigt.

Den Effekt der Brauseflüge bei ausgestülptem Duftorgan für den Rekrutierungserfolg hat Karl von Frisch dann in einer Serie weiterer Experimente untersucht: Zu zwei gegenüberliegenden Futterschälchen, je in zehn Metern Abstand vom Stockeingang entfernt, wurden je sieben Sammelbienen dressiert. Der einen Gruppe wurde das Duftorgan verklebt, das Duftorgan der anderen Gruppe blieb intakt. Es zeigte sich, dass etwa zehnmal mehr Rekrutinnen das Ziel erreichten, das mit Brauseflügen markiert werden konnte. Von Frisch schließt aus diesen Experimenten: »Hiermit ist erwiesen, dass der normale starke Zustrom an Neulingen zur Futterstelle in der Hauptsache durch das Ausstülpen der Duftorgane von Seiten der Sammlerinnen bedingt ist.« (v. Frisch 1923, S. 166) Karl von Frisch betonte in diesem frühen Stadium seiner Forschungen sogar den von ihm klar gesehenen Zusammenhang zwischen den Tänzen der Bienen und dem Beduften des Zielortes. Er hält fest: »Erst wenn sie nach ihrer Heimkehr auf den Waben getanzt haben und nun zum Schälchen zurückkehren, dann stülpen sie die duftende Tasche aus.« Und weiter: »Die Sammlerinnen, die vom Stock her zum vollen Schälchen angeflogen kamen, schwärmen oft auffallend lange über dem Futterplatz in unregelmäßigen Touren herum, ehe sie sich niederlassen (...) Erst jetzt bemerkte ich, dass sie zumeist schon während des Herumschwärmens im Fluge das Duftorgan ausstrecken und so die Umgebung der reichen Trachtquelle ausgiebig mit jenem besonderen Duft schwängern. (...) Je länger eine Biene auf der Wabe getanzt hat, je eifriger sie also um Neulinge geworben hat, desto ausgiebiger erfolgt auch im Allgemeinen bei ihrer Rückkehr zum Futter das ›Beduften‹ des Platzes.« (v. Frisch 1923, S. 161)

Jahrzehnte später versucht von Frisch dann aber die von ihm schon entdeckten zusammenwirkenden Zielfindungshilfen voneinander zu isolieren, indem er für die Deutung seiner Stufen- und Fächerversuche zur Erforschung der Tanzerfolge die Vorgänge am Futterplatz selbst dezidiert außer Acht lässt. Er hält dazu fest: »Von besonderem Interesse wäre natürlich der Zustrom von Neulingen in genau der Entfernung, auf welche die Tänze hinweisen, also am Futterplatz selbst. Die Zuflüge am Futterplatz müssen aber bei der Bewertung der Ergebnisse außer Betracht bleiben. Denn hier herrschen durch den Verkehr der gekennzeichneten Bienen, die von ihrem Duftorgan Gebrauch machen, ganz andere Verhältnisse als an den Beobachtungsplatten. Die zusätzliche Lockwirkung des Duftorganes ist von Versuch zu Versuch verschieden und stark davon abhängig, wie intensiv es gebraucht wird und aus welcher Richtung der Wind kommt.« (v. Frisch 1965, S. 86)

Erst schickt man sie, dann zieht's sie hin

Nimmt man all das zur Kenntnis, was Karl von Frisch in seinen gründlichen Versuchen und vorsichtigen Deutungen gefunden hat, und schließt sich aber seiner späteren isolierten Betrachtung von Bienentanz und Brauseflug nicht an, dann wird unsere Vorstellung über die Futterplatzrekrutierung bei den Honigbienen sehr viel differenzierter. Karl von Frisch sah bereits: (1) die hohe Variabilität der Tänze im Stock, (2) die Brauseflüge am Futterplatz, sowie (3) die zusätzliche Bedeutung von Blütendüften, die als Fremdsignale den Sammelbienen anhaften. Nimmt man all dies zusammen, dann ergibt sich das folgende Bild (Abb. 13), das die Ungenauigkeit der Tänze mit Elementen aktiver Rekrutierung im Feld zusammenbringt.

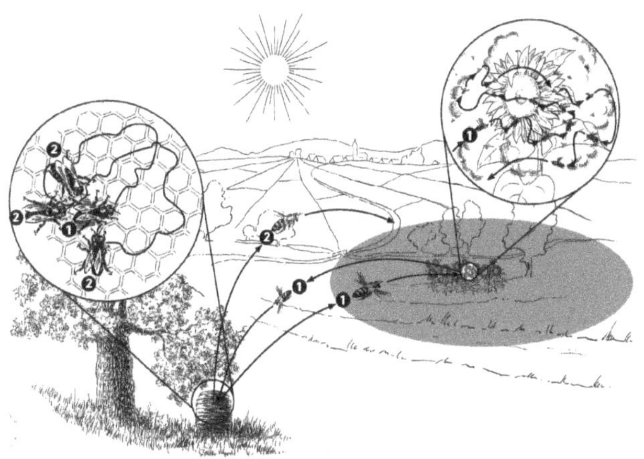

Abb. 13

Rekrutinnen (2), die im Stock Tänzerinnen (1) gefolgt sind, starten ihren Sammelflug in einen »Korridor der Ungewissheit« (graues Areal). Im Feld helfen die zwischen Stock und Futterplatz hin und her fliegenden Bienen (das sind ebenfalls die Tänzerinnen [1]), deren Brauseflüge um das Ziel und die Düfte, die von den Blüten ausgehen, den Zielpunkt zu finden (aus Tautz 2015).

Der Tanz alleine schickt die Rekrutinnen in eine ungefähre Richtung (Riley et al. 2005) und vermittelt ihnen eine ungefähre Vorstellung von der Entfernung bis zum Ziel (Esch et al. 2001). Diese Entfernungsangabe wird desto ungenauer, je weiter das Ziel entfernt liegt. Die Rekrutinnen erreichen ihr Ziel aber nicht nur dadurch, dass sie mit Hilfe des Tanzes auf den Weg geschickt werden und der getanzten Botschaft folgen. Sie folgen auch den erfahrenen Sammelbienen, werden von dem Pheromon, mit dem diese das Ziel im Brauseflug beduften, und vom Duft der Blüten selbst gelockt. Wenn Schicken und Locken nahtlos ineinander übergehen, erreichen rekrutierte Bienen sicher das

Ziel. Gehen Schicken und Locken aber nicht nahtlos ineinander über, dann folgt innerhalb des angezeigten Zielgebietes eine Suchphase. Die suchende Biene versucht jetzt, lockende Zielfindehilfen zu entdecken. Erst wenn das nicht gelingt, kehrt sie ohne Ausbeute zum Stock zurück. Der Bienentanz ist also Teil einer komplexen Kommunikation aus Schicken und Locken, einer Verkettung aus Verhalten im Stock und Verhalten im Feld.

Eine veränderte Sicht und die Folgen

Abhängig davon, ob man nun das hergebrachte Modell von Karl von Frisch (siehe Abb. 8, im Folgenden als Modell 1 bezeichnet) oder das soeben skizzierte etwas komplexere Modell zu Grunde legt (Abb. 13, hier nun als Modell 2 bezeichnet), ergeben sich erhebliche Unterschiede im Blick auf das Bild, das man sich von den Fähigkeiten der Honigbienen macht und die man ihnen zuschreibt.

Folgendes Beispiel macht das deutlich. Mit Hilfe von Radaraufzeichnungen wurden die Flugspuren von markierten Sammelbienen festgehalten (Menzel et al. 2011). In Abb. 14A ist wiedergegeben, wie rekrutierte Bienen vom Stock zu einem Zielpunkt A flogen. Abb. 14B zeigt, wie solche Bienen von Zielpunkt A dann weiter zu einem Zielpunkt B flogen.

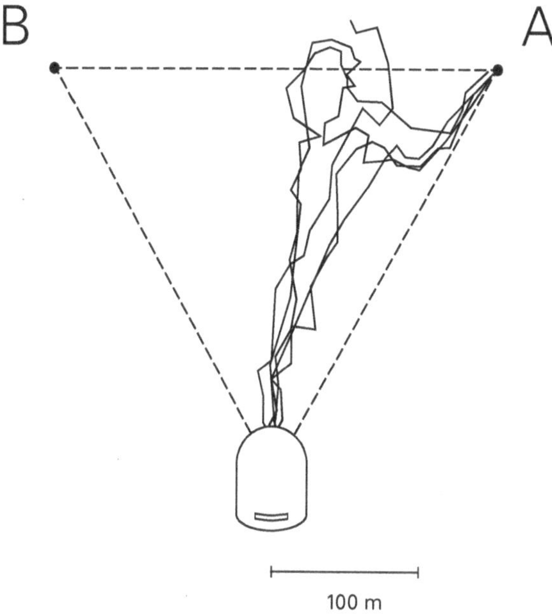

Abb. 14 A

Mittels Radartechnik aufgezeichnete Flugspuren von durch Tänze rekrutierten Sammelbienen auf ihrem ersten Flug vom Stock zum Futterplatz A (nach Menzel et al. 2011). Die Bienen starten in einem Richtungsfächer, gehen in eine Suchphase über und legen den letzten Teil der Strecke über nahezu 100 Meter recht präzise entlang der kürzesten Verbindung vom Bienenstock nach A zurück. Sollten zeitgleich Sammelbienen auf dieser Strecke unterwegs gewesen sein, die auf das Ziel dressiert und eingeflogen waren, wäre das erstaunliche Einbiegen auf die Zielgerade auf den letzten etwa 100 Metern mit dem Zusammentreffen von erfahrenen und unerfahrenen Bienen sehr gut erklärbar (Tautz & Sandeman 2002).

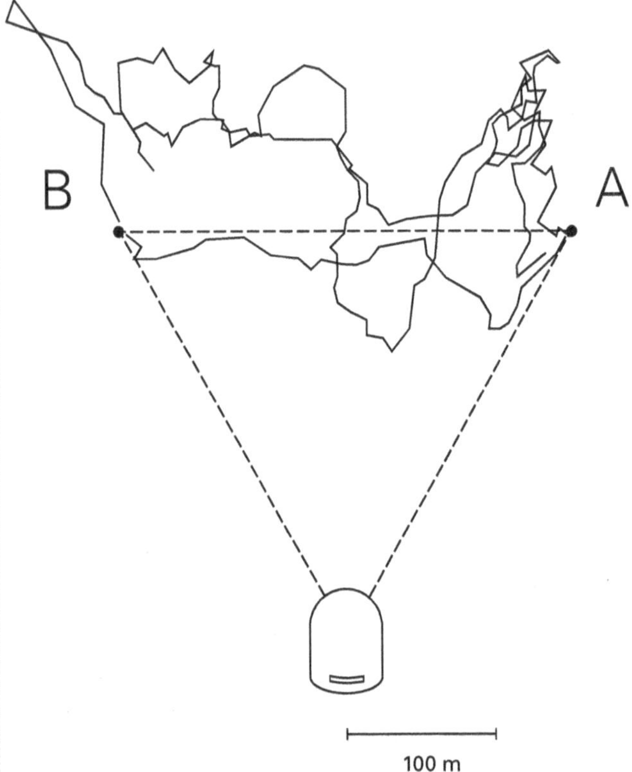

Abb. 14B

Wenn bei A nichts Essbares angeboten wird, fliegen einige Bienen nicht zurück zum Stock, sondern zu dem Punkt B (die drei Flugspuren vom Futterplatz A nach B), bei dem ein weiterer Futterplatz, der in der Zwischenzeit aber abgebaut wurde, zuvor von anderen Bienen besucht worden war. Diese Flüge beginnen in einem extrem breiten Richtungsfächer, verlaufen mäandrierend (das ist typisch für die Suchflüge von Insekten nach einer Duftquelle) und enden zielgenau bei B (nach Menzel et al. 2011).

Hintergrund dieser Flugspuren ist nun folgender Versuchsablauf: Bei A und bei B befanden sich je ein Futterplatz, die beide nicht künstlich beduftet worden waren. Vom Stock aus wurde eine Gruppe von maximal 30 Sammelbienen zum Futterplatz A hin dressiert. Die Flugrouten von Sammelbienen, die den Tänzen für A dorthin gefolgt waren, wurden aufgezeichnet (Abb. 14A). Zusätzlich zu den 30 Bienen, die auf A dressiert waren, wurden bis zu zwei Bienen auf den Futterplatz B dressiert. Wurde nun an beiden Orten A und B nur eine niedrige Zuckerkonzentration im Futter angeboten, tanzten die Sammlerinnen im Stock nicht und es gab darum keine Rekrutinnen.

Am folgenden Tag wurde bei A kein Futter mehr geboten, dafür das Futter an Ort B so attraktiv gemacht, dass die beiden auf B dressierten Bienen im Stock tanzten. Sammelbienen, die auf den Ort A eingeflogen waren, beobachteten im Stock die Tänze für B. Sie flogen aber nicht dorthin, sondern nach A, dem Ort, den sie bereits kannten. Im Verlauf der Beobachtungen im Feld zeigte sich nun aber, dass einige Bienen aus der Gruppe, die A besuchten, nicht zum Stock zurückkehrten, als sie dort kein Futter vorfanden. Stattdessen flogen sie von A nach B (Abb. 14B). Sie suchten also einen Ort auf, den sie vorher noch nie besucht hatten, für den aber im Stock durch die Tänze der beiden dorthin dressierten Bienen geworben worden war. Das machten sie aber nur, wenn A und B nahe genug beieinander lagen. Verdoppelte man die Entfernung zwischen den drei Punkten Stock, A und B und wiederholte den Versuch, dann waren diese Direktflüge von A nach B nicht mehr zu beobachten.

Die spannende Frage, die sich aus diesen Beobachtung ergibt, ist nun: Wie kamen die Bienen, die auf A eingeflogen waren, ohne in den Stock zurückzukehren zum zuvor noch nie besuchten Ort B?

Legt man für die Erklärung des Phänomens allein das Modell 1 (genaue Richtungsangabe allein durch Tanzinformation) zu Grunde, dann muss man komplizierte Annahmen treffen, um das Verhalten der Bienen erklären zu können. Danach benutzen die Bienen, die bei A kein Futter mehr finden, aber die Tänze für B im Stock mitbekommen, die Informationen, die sie durch diese Tänze erhalten haben, um sich neu zu orientieren. Das können sie, so die Annahme, weil sie (1) genaue Tanzinformationen besitzen und (2) zwischen allen relevanten Orten im Feld Vektoren bestimmen können und/oder aber, da sie (3) über eine kognitive Karte, eine Landkarte im Kopf also, verfügen (Menzel et al. 2011). Bienen, die bei Futterplatz A enttäuscht werden, holen demnach sozusagen ihr Navigationsbesteck heraus und bestimmen B als neues Ziel.

Aber muss man wirklich annehmen, dass die Bienen, die ohne Rückkehr in den Stock direkt von A nach B flogen, als sie bei A kein Futter vorfanden, eine komplexe intellektuelle Leistung vollbracht haben? Warum so kompliziert, wenn es vielleicht einfacher ist? Modell 2, das das Schicken im Stock (Tanz) und das Locken im Feld (Duft) zusammen sieht, kommt mit wesentlich weniger Annahmen über notwendige Fähigkeiten der Honigbienen aus, um zu erklären, warum von A enttäuschte Bienen nach B fliegen. Die Natur hat die Honigbienen mit einem äußerst empfindlichen Geruchssinn ausgestattet, der seine Entsprechung in den Düften der Blüten und den chemischen Botschaften zwischen den Bienen findet. Hier die Alternative zu komplexen Kalkulationen durch die Sammelbienen: Die Bienen, die bei A nichts mehr gefunden haben, machen es so, wie sie es immer machen, wenn sie in ein Zielgebiet kommen und nicht sofort eine Nektarquelle finden. Sie kreisen und »schnuppern«, ob es Hinweise auf lohnende Ziele gibt. Auf diese Weise entdecken sie jetzt Futterplatz B, der, weil er reichlich zu bieten hatte, von den dorthin eingeflogenen Bienen jetzt auch mit Brauseflügen beduftet wird.

Könnte es nicht sein, dass es so »einfach« ist? Ohne Duft läuft bei den Bienen nichts. Wenn wir uns von Modell 1 lösen und zugestehen, das Modell 2 das Verhalten der Bienen zureichend erklärt, dann haben wir noch immer Grund genug, über die Fähigkeiten der Bienen zu staunen.

3. Callboys für die Königin – die Drohnen

Wir haben nun ausführlich von den Arbeiterinnen, ihren verschiedenen Aufgaben und ihren zahlreichen Fähigkeiten gehört. Gelegentlich war auch schon von der Königin die Rede, die wir später noch genauer kennenlernen werden. Jetzt soll es aber erst einmal um die Herren der Schöpfung gehen. Denn es gibt sie, die Männer unter den Bienen, und sie erfüllen praktisch jedes Klischee, das es in puncto Männlichkeit gibt. Drohnen, wie die männlichen Bienen genannt werden, sind sozusagen die Insekt gewordene Form des »typischen Mannes«. Sie haben riesige Augen, mit denen sie prima gucken können. Nach den Mädchen natürlich. Wenn sie sich nicht gerade herumtreiben, hängen sie im Stock herum, stehen im Weg oder lassen sich bedienen. Und im Kopf haben sie immer nur – ja, was wohl? (Vgl. Bild 6)

Halber Kerl statt ganzer Mann

Es fängt schon damit an, dass Drohnen eigentlich nur halbe Frauen sind. Legt eine Königin ein Ei, dann prüft sie, bevor sie ihren Hinterleib in die Wabenzelle bringt, zunächst mit den Fühlern an ihrem Kopf die Größe der Zelle. Ist der Durchmesser der Zelle klein, dann legt sie am Boden ein Ei ab, das sie noch in ihrem Leib mit einem

Spermium versehen und so befruchtet hat. Aus einem befruchteten Ei wächst eine Arbeiterin heran. Ist der Durchmesser der Zelle jedoch größer, dann bekommt das Ei kein Spermium und wird nicht befruchtet. Aus einem nicht befruchteten Ei wächst ein Drohn heran, der – genetisch betrachtet – nur ein halbes Wesen im Vergleich zur Arbeiterin ist. Er hat nur den Chromosomensatz der Königin, der im Ei enthalten ist, und nicht den zusätzlichen Chromosomensatz aus dem männlichen Spermium.

Johann Dzierzon, ein katholischer Pfarrer, der dieses Phänomen im 19. Jahrhundert zuerst beschrieb, bekam übrigens ziemlichen Ärger mit seiner Arbeitgeberin: In der Kirche wollte man es zunächst nicht wahr haben, dass außer Maria, der Himmelskönigin und Mutter Jesu, auch noch andere Königinnen männliche Nachkommen ohne das Zutun eines Mannes hervorbringen können. Nach einigem Hin und Her bekam Dzierzon dann aber doch die Ehrendoktorwürde. Schließlich bringt die Bienenkönigin keine Erlösergestalten auf die Welt, sondern nur Bienenkerle.

Genetisch defizitär ausgestattet, braucht es dann auch seine Zeit, bis aus einem in einer Drohnenzelle abgelegten Ei der fertige Drohn zum Vorschein kommt. Schlüpft eine Königin 16 Tage nach Eiablage und eine Arbeiterin 21 Tage danach, dann braucht ein Drohn 24 Tage bis zum Schlupf. Langsam sind sie also auch.

Und faul: Eine Arbeiterin macht sich nach dem Schlupf sofort daran, die Zelle, aus der sie geschlüpft ist, zu putzen und geht unmittelbar danach in den Putzdienst. Ein kleiner Drohn macht erst einmal – nichts. Und danach geht er betteln. In den ersten Tagen nach dem Schlupf wird der junge Drohn von den Arbeiterinnen mit Futtersaft versorgt. Ist er dann etwas zu Kräften gekommen, bedient er sich selbst an den Vorräten. Er lungert im Stock herum, nascht am Nektar und nimmt viel Pollen zu sich. Diese eiweißreiche Ernährung ist besonders wichtig für ihn, damit er der Aufgabe, die ihm zukommt, gerecht werden kann: Drohnen sind die Callboys im Bienenvolk. Ihre Aufgabe ist es, paarungswilligen jungen Königinnen zu Diensten zu sein und diese zu begatten. Acht bis zehn Tage nach dem Schlupf ist der Knabe dann auch zum Manne gereift. Der Drohn ist geschlechtsreif und trägt in seinen Hoden, verborgen in seinem voluminösen Hinterleib, etwa 10 Millionen Spermien bei sich.

Dieses Potenzial an Fruchtbarkeit macht unruhig. Hat er schon als Jungdrohn erste Orientierungsflüge um den eigenen Stock herum unternommen, so fängt er jetzt richtig an, sich herumzutreiben. Und er ist nicht allein. Nicht nur die Kumpels aus dem eigenen Volk sind auf Brautschau unterwegs, auch aus den Bienenvölkern der Umgebung kommen die Jungs. Sie treffen sich an den sogenannten Drohnensammelplätzen. Wie es zur Ausprägung dieser Sammelplätze kommt, ist nicht ganz klar. Es handelt sich dabei um zum Teil recht ausgedehnte Areale, in denen in den Sommermonaten über Jahre hinweg immer wieder eine sehr große Anzahl von Drohnen zu beobachten ist. Hier kreisen sie in zehn bis zwanzig Metern Höhe und warten darauf, dass junge, brunftige Königinnen aus den umliegenden Bienenvölkern aufkreuzen.

Um diese zu entdecken, sind Drohnen perfekt ausgestattet. Ihr Gesicht besteht zur Hälfte praktisch nur aus zwei riesigen Augen. Zudem haben sie einen exzellenten Geruchssinn, um die Duftspur einer Königin aufzunehmen, und sie verfügen an den Hinterbeinen über Haarpolster, mit denen sie sie im Flug ergreifen und festhalten können.

Angriff der Spermabomber

Ist eine junge Prinzessin dann tatsächlich geortet, kommt es zur wilden Jagd, denn in der Regel entdecken eine ganze Reihe der großäugigen Spermabomber die hochzeitswillige Majestät. Ein Schwarm von Drohnen fliegt ihr nach und jeder versucht, sie zu packen. Wem dies gelingt, um den ist es geschehen, und zwar nicht in des Satzes übertragener Bedeutung, sondern wortwörtlich: Damit es zur Paarung kommen kann, muss der Drohn sein Geschlechtsorgan, das im Inneren seines Körpers liegt, nach außen bringen und mit der Königin verbinden. Das ist für den Herrn ein tödlicher Vorgang, denn es zerreißt den Drohn förmlich. Im Moment der Ejakulation stirbt er und fällt nach diesem finalen Orgasmus tot zu Boden, wobei sein Gemächt gelegentlich in der Königin stecken bleibt. Sie trägt dann das sogenannte »Begattungsmal«, wie Imker sagen, das die Arbeiterinnen entfernen, wenn die Königin in den Stock zurückkehrt.

Drohnen, die keine königliche Partnerin finden – und das ist die riesige Mehrzahl –, werden etwa 30 bis 40 Tage alt, dann sterben sie. Ermattet von der dauernden Suche und Herumfliegerei kehren sie eines Tages nicht mehr in den Stock zurück. Allerdings nur, wenn sie relativ früh im Jahr zur Welt kommen. Stehen sie noch mitten in ihrem lotteren Leben, wenn die Zeit, in der Bienen Drohnen dulden, zu Ende geht, wird es ungemütlich für die Burschen. Denn ihre einzige Aufgabe ist es nun einmal, Königinnen zu begatten. Unbegattete Königinnen gibt es aber nur während der Schwarmzeit – von der noch genauer die Rede sein wird – von Ende April bis etwa Mitte Juli. Wenn keine jungen Königinnen mehr zu erwarten sind, dann braucht ein Bienenvolk die Drohnen nicht. Und das bekommen diese zu spüren. Etwa ab Mitte Juli beginnt die »Drohnenschlacht«.

Das Wort suggeriert, dass sich eines schönen Tages kampferprobte Arbeiterinnen in geschlossener Reihe über die bis dahin bemutterten Männchen her machen und diese im großen Stil abschlachten. Und tatsächlich: Manchmal kann man in der Zeit ab Juli beobachten, wie Arbeiterinnen einen verstörten und wehr- weil stachellosen Drohn am Flugloch attackieren. Aber ein großes Meucheln gibt es nicht. Denn wenn ein Volk keine Schwarmabsichten mehr hat, dann wird auch die Zahl der Drohnen, die es aufzieht und beherbergt, immer geringer. Der Hofstaat der Arbeiterinnen, die die Königin bei der Eiablage begleitet, sorgt dafür, dass sie nur noch wenige Eier in Drohnenzellen legt. Dadurch schlüpft weniger männlicher Nachwuchs.

Die Männer, die noch im Volk sind, wenn dieses entscheidet, dass sie nicht mehr gebraucht werden, werden aber auch nur selten mittels eines Stiches umgebracht. Die Damen lassen sie stattdessen einfach verhungern. Das Betteln der Drohnen um Futter wird nicht mehr erhört, von den Futterwaben werden sie verdrängt und an das Flugloch geleitet. Wenn sie versuchen zurückzukommen, wehren die Wächterinnen sie ab und verweigern ihnen den Zutritt. Die Zeit der Drohnen ist spätestens im Oktober zu Ende, und nur sehr selten wird man in einer Wintertraube einen cleveren Burschen finden, der es irgendwie geschafft hat, ein Bleiberecht zu ergattern. Doch auch wenn die Drohnen nur Saisonkräfte sind im Amazonenstaat der Bienen: Ohne sie können die Honigbienen nicht sein.

Multikulti mit vaterlosen Gesellen

Sexuelle Fortpflanzung beruht gewöhnlich auf dem Prinzip der Vereinigung zweier unterschiedlicher Typen von Keimzellen: Männliche Spermien und weibliche Eizellen vereinen sich und ein neuer Organismus entsteht. Dabei bringt jede der beteiligten Keimzellen einen kompletten Satz an Chromosomen, auf dem die Erbinformation gespeichert ist, in die Verbindung ein. Diese zufällige Neukombination von Erbgut schafft die Vielfalt und »Durchmischung« von Erbinformationen. Bei den neu entstehenden Individuen werden dadurch neue Eigenschaften möglich. Die zweigeschlechtliche Vermehrung ist darum ein entscheidender Faktor für die Evolution des Lebens.

Weil das so ist, sollte man davon ausgehen, dass jedes Lebewesen einer Tierart, bei der es zwei Geschlechter gibt, einen Vater und eine Mutter hat. Bei den Bienen gibt es zwei Geschlechter, nämlich die Königin und die Arbeiterinnen als Erscheinungsformen der weiblichen Tiere und die Drohnen als die Männchen. Allerdings: Die Drohnen entwickeln sich aus unbefruchteten Eiern. In Eiern, aus denen Drohnen entstehen, befinden sich nur die 16 Chromosomen aus dem Chromosomensatz der Königin. Sie haben aus der väterlichen Linie nur die Chromosomen, die in dem befruchteten Ei enthalten waren, aus dem die Königin geworden ist. Drohnen haben darum genetisch gesehen keinen Vater, sondern nur einen Großvater, während die Bienenweibchen zu gleichen Teilen mütterliches und väterliches Erbgut mit auf den Weg bekommen. Was bedeutet das nun im Hinblick auf die genetische Vielfalt in einem Bienenvolk? Verzichten Bienen auf die Chancen, die die zweigeschlechtliche Vermehrung für die Evolution der Art bereit hält? Schauen wir uns die zugegeben etwas verwirrende Welt der Chromosomenweitergabe noch etwas genauer an.

Zellen, in denen das Erbgut nur einmal vorkommt, heißen haploid, solche, in denen das Erbgut doppelt vorkommt, heißen diploid und wenn es sogar mehr als zwei Chromosomensätze gibt, spricht man von polyploid.

Arbeiterinnen und die Königin eines Bienenvolkes sind diploid: In ihren Körperzellen kommen zwei Chromosomensätze vor. Die Drohnen nennt man haploid, weil nur ein Chromosomensatz vorkommt. Allerdings: Dies trifft nur für das Drohnen-Ei und für die Drohnenlarve zu. Die Eizelle besitzt 16 Chromosomen, ist somit haploid. Auch der Embryo in seiner Eihülle besitzt in jeder Körperzelle noch 16 Chromosomen. Aber mit Beginn der Larvalentwicklung mit dem Schlüpfen aus der Eihülle vervielfältigt sich das Erbgut in den Zellen der Drohnenlarve. Nur die Nerven- und Geschlechtszellen bleiben haploid, in anderen Körperzellen können bis zu zehn Kopien des Chromosomensatzes vorkommen (Beye u. Hasselmann 2004). Drohnen sind also von der Chromosomenzahl her gesehen nicht haploid, sie sind es aber hinsichtlich ihrer genetischen Vererbungsmöglichkeit. Ihr Sperma hat immer nur den einen Chromosomensatz, den sie von der Mutter, der Königin, erhalten haben, es gibt keinen väterlichen Satz. Darum kann ein Drohn keine unterschiedlichen Erbgutkombinationen weitergeben. Tierarten mit genetisch diploiden Männchen können das, da in der Reifungsteilung der Spermienbildung die Chromosomen nach dem Zufallsprinzip verteilt werden. Haploide Drohnen haben aber nichts zu verteilen, all ihre Spermien sind vollkommen identisch. Der entscheidende Vorteil der zweigeschlechtlichen sexuellen Vermehrung, die zufällige Trennung von Chromosomen und somit die Bildung von Neukombinationen, wird bei Bienen also glatt verschenkt. Aber nur auf den ersten Blick!

Die Luderhaftigkeit der jungen Königinnen und die Herumtreiberei geschlechtsreifer Drohnen gleichen die genetische Einfalt der einzelnen Drohne wieder aus. Der Ort, an dem dieser Ausgleich stattfindet, ist der Drohnensammelplatz. Hier kommen die Drohnen vieler Kolonien in Erwartung jungfräulicher Königinnen zusammen und die Vielfachverpaarung der Königin mit Drohnen aus mehreren anderen Bienenvölkern sorgt dafür, dass in einem Bienenvolk eine multikulturelle genetische Vielfalt herrscht. Denn weil eine legende Königin Sperma von ganz verschiedenen Männern zur Verfügung hat, haben alle Bienen eines Volkes zwar die gleiche Mutter, die weiblichen Nachkommen der Königin haben aber ganz unterschiedliche Väter. Es gibt in jedem Bienenvolk so viele Vollschwester-Linien, wie Drohnen eine Paarung geschafft haben. Insgesamt gesehen besteht ein Bienenvolk jedoch aus einer ziemlich großen Menge von Halbschwestern.

Als Imker und Imkerin kann man diese Vielfalt besonders dann sehen, wenn man bei der Vermehrung von Königinnen keinen Wert auf Rassereinheit legt. In unseren Breiten kommen heute hauptsächlich drei Bienenrassen vor: die Carnica-Biene, die Buckfast-Biene und die Nordbiene, auch Dunkle Biene genannt. Die Nordbiene ist dabei die Rasse, die nach der letzten Eiszeit nördlich der Alpen in verschiedenen Ökotypen ursprünglich beheimatet war. Sie ist heute bis auf wenige Bestände im westlichen Europa fast ganz verschwunden, findet aber in jüngster Zeit wieder zunehmendes Interesse bei Hobbyimkern. Die Carnica-Biene, eine ursprünglich südlich der Alpen vor allem in Kärnten beheimatete Rasse, wurde seit Mitte des 20. Jahrhunderts im nördlichen Europa fast flächendeckend eingeführt, weil sie im Vergleich zur Nordbiene als leichter zu bewirtschaften und als ertragsstärker galt. Bei der Buckfast-Biene handelt es sich um eine Zuchtrasse, die der Mönch Bruder Adam im englischen Benediktinerkloster Buckfast im 20. Jahrhundert entwickelte und die besonders an ein kühles und wechselvolles Meeresklima angepasst ist.

Kommen in einer Gegend nun Drohnen verschiedener Rassen vor, dann wird man in einem Bienenvolk Arbeiterinnen entdecken, die die leicht ins Graue gehende Färbung der typischen Carnica-Biene haben, während ihre Halbschwestern eher braun sind, dafür aber die breiten gelblichen Hinterleibsringe der Buckfast-Biene aufweisen. Und wo ein Imkerkollege oder eine Imkerkollegin dann noch die Nordbiene hält, da wird es auch richtig schwarze Bienen in einem Volk geben, auch wenn die Königin eigentlich eher eine Carnica-Majestät ist.

Bedenkt man nun, dass aus den Eiern der Königin nicht nur all diese verschiedenen Arbeiterinnen werden können, sondern dass bei entsprechender Pflege auch neue Königinnen aus von der Königin gelegten Eiern entstehen, dann ist klar, wie sich hier genetische Vielfalt trotz der genetischen Einfalt der Drohnen einen Weg bahnt. Immer wieder stellen Imker dabei fest, dass gerade nicht die Völker mit den Königinnen aus Reinzuchten die vitalsten sind, sondern dass die Töchter dieser Königinnen, die Gelegenheit hatten, sich mit einer Vielzahl ganz verschiedener Typen einzulassen, die fittesten Nachkommen in die Welt setzen!

Epigenetik, oder: Warum Bienen sich ihre Schwestern backen

Die Kombination der Gene in einer befruchteten Eizelle bestimmt die Eigenschaften des entstehenden Lebens. Aber es ist ein Irrtum anzunehmen, dass die genetische Disposition einer befruchteten Eizelle ein gewissermaßen starres Entwicklungsprogramm in Gang setzt, an dessen Ende ein bestimmtes so, und nur so mögliches Ergebnis steht. Faktoren, die auf die genetische »Grundeinstellung« aufsetzen, bestimmen das Ergebnis des Entfaltungsprozesses mit. Ein solcher »epigenetisch« genannter Faktor ist in einem Bienenvolk z.B. die Fütterung der Larve. Aus einem von der Königin gelegten Ei kann bei gleicher genetischer Grundeinstellung eine Arbeiterin oder aber, wenn die Larve mit Gelee royale gefüttert wird, eine Königin werden. Es geht aber auch subtiler!

Bienen können die Eigenschaften ihrer Geschwister auch auf andere Weise beeinflussen. Was wie Science Fiction klingt, liegt in der Genialität des Brutnestes begründet. Dort kontrollieren die Arbeiterinnen die Entwicklung ihrer Geschwister vom Ei bis zum Schlupf der fertigen Biene aus ihrer Kinderstube. Im Larvenstadium erfolgt dabei eine Beeinflussung über das Futter, im Puppenstadium über die Temperatur. Die Temperaturregulation ist eine solch subtil angewendete Stellschraube, mit deren Hilfe die Eigenschaften der nächsten Bienengeneration geformt werden können. Die langlebigen Winterbienen entstehen z.B. bei Brutnesttemperaturen, die niedriger sind als gewöhnlich. Diese Temperatur stellen die Heizerbienen ein. Sie »backen« damit sozusagen im »Niedertemperaturverfahren« Schwestern, die um ein Vielfaches älter werden können als sie selbst.

Auch die Bereitschaft, mit der Arbeiterinnen bestimmte Tätigkeiten ausüben, und der Aufwand, mit dem diese dann betrieben werden, können Bienen offenbar durch die bienenkontrollierte Temperatur im Brutnest voreinstellen. Ein Beispiel für dieses Phänomen sind die »Ventilatorbienen«, die Bienen also, die durch Flügelschwirren im Stand Luft in den Stock fächeln und auf diese Weise die Temperatur im Stock herunterregeln können. Ein Temperaturanstieg erfolgt in der Natur allmählich und nicht auf einen Schlag. Wenn schon beim ersten spürbaren Anstieg der Temperatur in einem Bienenvolk Fächlerinnen mit dem Kühlen loslegen, ist eine geringe Temperaturerhöhung schnell ausgeglichen. Es würde andererseits aber wenig Sinn machen, wenn gleich sämtliche Arbeiterinnen beim kleinsten Temperaturanstieg mit dem Fächeln beginnen würden: Statt einer moderaten Abkühlung käme es dann zum Temperatursturz und alle müssten anschließend wieder heizen. Eine Verschwendung von Aufwand und Energie. Es kommt also auf eine angepasste Verhaltensweise an: Erst wenn es die ersten Fächlerinnen nicht schaffen, die Temperatur zu senken, sollten sich weitere Helferinnen hinzugesellen. Schafft es die erweiterte Gruppe, ist es gut, schafft sie es nicht, müssen noch mehr Bienen loslegen. Derartige Raffinessen lassen sich an den kleineren Kolonien der Hummeln einfacher studieren (Weidenmüller et al. 2002), um von da aus dann wieder die Verhältnisse in zahlenmäßig starken Honigbienenstaaten zu beurteilen.

Tatsächlich funktioniert die Kühlung in einem Bienenvolk genau so, wie die folgende Grafik zeigt. Erhöht die Sonneneinstrahlung die auf den Stock wirkende Wärme, erscheinen mehr Bienen auf dem Flugbrett, um zu fächeln, wodurch die Temperatur in den Wabengassen konstant bleibt. Wie bekommen Bienen diese Abstimmung hin?

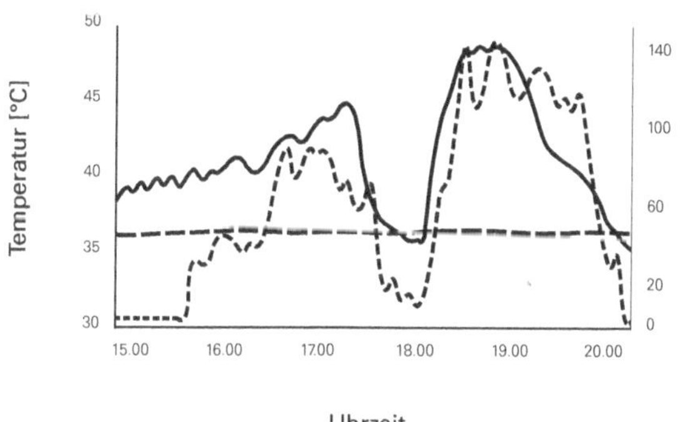

Abb. 15

Trotz extrem schwankender Außentemperaturen (hier die Außentemperatur des sonnenbeschienenen Holzes der Zarge – durchgezogene Linie) schaffen es die Bienen, die Brutnesttemperatur (lang gestrichelte Linie) konstant zu halten. Das Geheimnis des Erfolges: Es beteiligt sich immer die notwendige Anzahl von Fächlerinnen (kurz gestrichelte Linie) an der »Ventilator-Tätigkeit«, die den Luftaustausch erzeugt. Die Linie, die angibt, wieviele Bienen gerade fächeln, folgt recht gut dem Verlauf der Temperatur, gegen die gekühlt werden muss. Daten aus HOBOS vom 30. Juni 2012.

Bienen üben dann eine bestimmte Tätigkeit am richtigen Ort zur richtigen Zeit aus, wenn Signale aus der Umgebung ein Verhalten auslösen. Aber nicht alle Bienen sind gleichermaßen sensibel, was diese Signale angeht. In unserem Fall heißt das: Es fühlen sich von einem schwachen Reiz nur wenige Bienen angesprochen, je stärker der Reiz aber wird, desto mehr Bienen erfasst die Arbeitswut (Su 2007). So passt sich ein Bienenvolk in seiner jeweils aktuellen Gesamtleistung den jeweiligen Anforderungen an, ohne dass es einer zentralen Lenkung bedarf, allein deshalb, weil es verschiedene Reizsensibilitäten in einem Volk gibt. Die Vermutung ist: Die Spannbreite, die man für die Schwellenempfindlichkeiten in einem Volk findet, und das Ausmaß an Abstufungen steigen mit der genetischen Vielfalt im Stock, auf die dann die Epigenetik einen zusätzlichen Einfluss hat.

4. Monarchin mit beschränkter Macht – die Königin

»L'état c'est moi!« – Mit diesen Worten soll Ludwig XIV., Herrscher im Frankreich des 17. Jahrhunderts, seine Rolle als König beschrieben haben: »Der Staat, das bin ich!« Zwar hat Ludwig diesen Satz vermutlich nie gesagt, aber so falsch ist er darum nicht: Über dem Gesetz stehend regierte der König Frankreichs in dieser Zeit absolut. In seinen Entscheidungen war er von niemandem abhängig und niemandem gegenüber verantwortlich. Was er wollte, das geschah. Und auch am Königshof in Versailles kreiste alles um den König. Legendär ist das ausgefeilte Hofzeremoniell dieser Zeit. Es rückte den Monarchen so vollkommen in den Mittelpunkt, dass niemand bei Hofe – und dort hielt sich auf, wer in Frankreich etwas werden wollte – den Anforderungen und Forderungen des Protokolls entgehen konnte. So war es für einen Landbaron eine besondere Ehre, wenn er erwählt wurde, dem König beim morgendlichen Ankleiden den Hemdärmel zu halten.

Und die Königin im Bienenvolk, von der wir nun schon öfter gehört haben, ist sie auch eine absolutistische Herrscherin? Bestimmt sie willkürlich über Wohl und Wehe ihres Volkes und ist sie das Zentrum des kleinen Reiches in der Kiste? Ja! Und: Nein!

Der Duft der Herrscherin

Tatsächlich ist die Königin in einem Bienenvolk einzigartig, d.h.: Jedes Volk hat im Normalfall nur eine. Gibt es von den Arbeiterinnen im Sommer bis zu 50.000 Individuen pro Volk und von den Drohnen immerhin ein paar Hundert, eine Königin kommt nur einmal vor. Von ihrem Volk wird sie entsprechend wahrgenommen. Ständig ist sie von Ammenbienen begleitet, die sie füttern, putzen und mit allem versorgen, was sie braucht. Sie hat, wie es sich für eine Monarchin gehört, einen Hofstaat. Auch übt eine Königin einen ungeheuren Einfluss auf ihr Volk aus. Sie hat Macht! Ihre Machtmittel aber sind nicht Gesetze, Verwaltungsvorschriften oder das Militär, ihr Machtmittel ist ihr Duft (vgl. Bild 8).

In den Mandibeldrüsen an den Mundwerkzeugen produziert eine Bienenkönigin die »Königinnensubstanz«, ein Pheromongemisch, das für die – wie Imker sagen – »Stockharmonie« von größter Bedeutung ist. Ein Pheromon ist mehr als ein bloßes Parfüm. Wie ein Hormon innerhalb eines Körpers bestimmte Stoffwechselprozesse in Gang setzen kann und ein Fehlen des Hormons zu einem Erliegen dieser Prozesse führt, so kann ein Pheromon bestimmte Reaktionen bei artgleichen Individuen auslösen. Am eindrücklichsten sind hier vielleicht die Pheromone, die der sexuellen Stimulation von Sexualpartnern dienen: Eine rollige Katze verströmt einen Duft, der die Kater der Umgebung vor verzweifeltem Begehren weinen lässt. Der verheißungsvolle Duft im Urin eines Elchbullen veranlasst die Kühe gerne, ein aphrodisierendes Bad darin zu nehmen.

Ähnlich sorgt der Königinnenduftstoff in einem Bienenstock dafür, dass die Abläufe in der Honigfabrik regelgerecht vonstatten gehen. Das Parfüm der Königin ist der Duft, der den ganzen Betrieb am Laufen hält. Verteilt wird er durch den Hofstaat und dadurch, dass sich die Bienenschwestern gegenseitig putzen und füttern. Die Bienen aus dem Hofstaat nehmen den Duft auf und geben ihn z.B. einfach durch Berührung an die Bienen weiter, von denen sie einen Happen erhalten. Diese putzen dann vielleicht andere Bienen und so weiter.

Wenn der Duft der Königinnensubstanz fehlt, weil die Königin gestorben ist, fühlt sich ein Volk unwohl und verhält sich anders als gewöhnlich. Als Imker oder Imkerin merkt man diesen Unterschied mit einiger Erfahrung, sobald man den Deckel eines Kastens abhebt und beginnt, Waben zu ziehen. Ein Volk, das eine Königin hat, wird kurz aufbrausen, dann aber den Dingen gelassen entgegensehen. Nur die eine oder andere Arbeiterin fühlt sich vielleicht gestört und attackiert etwas. Ein Volk ohne Königin braust auf, steigert sich in dieses Brausen dann aber mehr und mehr hinein. Eine Biene steckt die andere in ihrer Unruhe an, am Ende sitzen fast alle Arbeiterinnen flügelschwirrend auf der Wabe. Das verursacht einen ziemlichen Lärm. In einem Volk, das so lärmt, findet der Imker keine nicht verdeckelte Brut oder Eier. Das Volk ist »weisellos«, wie es im Imkerjargon heißt, weil es keine Königin, die auch »Weisel« genannt wird, mehr hat.

Wechsel in der Chefetage: Wie ein Bienenvolk die CEO auswechselt

So wie die Königin also Macht durch ihren Duft ausübt, kann sich das Fehlen dieses Duftes aber auch gegen sie wenden. Und hier wird deutlich, dass eine Bienenkönigin alles andere als eine absolutistische Herrscherin ist. Das Volk ist von ihr abhängig, ja. Aber wenn die Königin ihren Aufgaben nicht oder nicht mehr gerecht wird, dann wird sie ausgewechselt – und zwar nicht nur vom Imker, sondern auch vom Bienenvolk selbst. Die Mitarbeiterinnen der Honigfabrik schaffen sich dann selbst eine neue Chefin. Wie geht das?

Stellen wir uns folgende Situation vor: Die Königin eines Volkes hat ihrem Stock vier Jahre lang treu gedient. In ihrer Lebenszeit hat sie mehr als eine Million Eier in die Zellen gelegt, aus denen dann Arbeiterinnen oder Drohnen geschlüpft sind. Jetzt ist sie alt geworden und ihr Volk kann dies spüren. Die Zahl der zu versorgenden Larven ist geringer, als sie jetzt im Frühjahr des fünften Jahres sein sollte. Viele Eier, aus denen eigentlich Arbeiterinnen werden sollten, sind nicht befruchtet, denn die Spermareserven der Königin, die sie auf ihren Begattungsflügen erworben hat, gehen zu Ende.

Die unbefruchteten Eier werden von den Ammenbienen aufgefressen. Das Brutnest, sonst eine fast lückenlose Fläche verdeckelter Arbeiterinnenzellen, weist viele freie Zellen auf, es wird »löchrig«, wie Imker sagen. Hinzu kommt: Auch die Strahlkraft der Königin lässt nach. Sie ist nicht mehr in der Lage, so viel Königinnensubstanz zu produzieren, dass die Konzentration ihres Duftes in der Stockluft das Volk zufrieden stellt. Es bemerkt: Die Chefin bringt es nicht mehr.

In dieser Situation baut das Volk eine »Königinnenwiege«, eine »Weiselzelle« (vgl. Bild 7). Auf einer Brutwabe schroten Arbeiterinnen mit Hilfe ihrer Mundwerkzeuge leere Wabenzellen auf einer Fläche von vielleicht 2 mal 3 cm so ab, dass eine kleine Mulde entsteht. Im oberen Bereich der Mulde wird eine kleine Wachsschale von etwa einem Zentimeter Länge angelegt. Hierher wird die alte Königin von den sie begleitenden Ammenbienen geführt. In diese Zelle legt sie das Ei ab, aus dem ihre Nachfolgerin entstehen wird.

Bei diesem Ei handelt es sich aber nicht um ein besonderes »Königinnenei«, wie man ja vermuten könnte. Es ist ein ganz gewöhnliches, aus dem unter normalen Umständen eine Arbeiterin schlüpfen würde. Die Ammenbienen, die das Ei und dann die Larve in der Zelle pflegen, bemerken aber: Dies ist eine besondere Zelle. Hier soll keine Arbeiterin heranwachsen, auch ein Drohn soll hier nicht entstehen. Denn die Zelle ist größer, runder und länger, und sie steht aus der Wabe hervor. Hier soll eine Königin geboren werden. Darum wird die Larve in dieser Zelle nicht nur drei Tage lang mit Ammenmilch versorgt und ihre Ernährung dann, wie bei den Arbeiterinnen und Drohnen, auf Honig und Pollen umgestellt. Diese Larve bekommt »Gelee royale« und nichts anderes! Sie badet förmlich in einer dicken Schicht dieses weißlichen Puddings.

Und dieser Pudding ist auch schon das ganze Geheimnis einer Königin! Durch die besondere Ernährung der Königinnenlarve nur mit Gelee royale werden in der Larvenentwicklung andere genetische Schalter aktiviert als bei der Entwicklung einer gewöhnlichen Arbeiterin. Was als Arbeiterinnen-Ei in die Zelle kam, schlüpft 16 Tage später als junge Königin.

Nun hat das Volk zwei Chefinnen, die alte, die noch weiter im Stock ist und weiter Eier legt, und eine Kronprinzessin. Diese ist aber noch nicht in der Lage, die Nachfolge der Mutter anzutreten, denn noch ist sie nicht geschlechtsreif und vor allem: Noch ist sie nicht begattet.

Fünf bis sechs Tage nach dem Schlupf hat die Prinzessin die Geschlechtsreife erreicht. Sie hat nun auch angefangen, deutlich spürbar Pheromone zu produzieren. Ein Signal an das Volk: Ich bin da! Und ein Signal an die alte Herrscherin: Rechne mit mir! Die junge Dame hat nun einen eigenen kleinen Hofstaat, der sie schützt und darauf achtet, dass ihr nichts zustößt. Immerhin könnte sie der alten Königin zu nahe kommen. Wer weiß, ob diese sich damit abfindet, dass sich ihr Stern im Sinken befindet. Auch Königinnen können stechen und Konkurrentinnen töten. Und unsere junge Königin wird liederlich: Sie ist nun brunftig und will zu den Jungs.

An einem schönen Flugtag gegen Mittag erfüllen ihr die Arbeiterinnen diesen Wunsch. Eine Vorspielwolke steht vor dem Flugloch. Wir erinnern uns: Eine große Zahl von Bienen schwirrt vor dem Flugloch auf und ab, ohne davonzufliegen. Diese Phänomen hielten Imker lange für Einfliegübungen der Jungbienen, die sich die Umgebung einprägen, bevor sie zu Sammlerinnen werden. Junge Sammlerinnen aber gibt es von April bis Oktober, Vorspielwolken nur von Mai bis etwas Mitte Juli. Und in ihnen finden sich nur wenige Jungbienen. Die alten, erfahrenen Sammlerinnen sind in der Überzahl. Und gerade sie sind es, auf die es jetzt ankommt. Ist die junge Königin bereit, den Stock zu verlassen, dann nehmen sie die Bienen der Vorspielwolke in Empfang. In ihrer Mitte wird die Königin zum Drohnensammelplatz geführt. Sie ist jetzt ganz abhängig von ihren Begleiterinnen, denn nie zuvor war sie vor dem Stock, geschweige denn weit von ihm entfernt. Wenn sie ihre Eskorte verliert, wird sie nie mehr zurückfinden und es ist um sie geschehen. Aber der Duft, der die Drohnen auf sie aufmerksam macht, sorgt auch dafür, dass die Begleitbienen immer wissen, wo ihre neue Chefin ist. Sie bleiben in ihrer Nähe, während sich die Königin mit den Drohnen paart. Majestät ist dabei nicht wählerisch und auch beileibe nicht mit nur einem Herrn zufrieden. Bis zu fünfzehn Mal bringt sie einen Bienenmann um Verstand und Leben, weshalb manche Königinnen auch an mehreren Tagen hintereinander zu den Sammelplätzen aufbrechen.

Dann sind die Spermaspeicher in ihrem Hinterleib prall gefüllt. Nun ist sie eine ausgereifte, legebereite Königin, die vier bis fünf Jahre lang für das Überleben des Volkes sorgen kann, indem sie immer nur eines tut: Eier legen. Das allein ist ihre Aufgabe. Damit sie dieser optimal gerecht wird, wird sie rund um die Uhr mit allem versorgt, was sie braucht. Vor allem: Sie wird weiter und ihr ganzes Leben hindurch mit Gelee royale gefüttert. Denn nur, wenn sie dieses hochwertige, eiweißreiche Futter bekommt, ist sie in der Lage, die ungeheure Menge an Eiern zu legen, die von ihr erwartet wird.

Die begattete Königin beginnt unmittelbar nachdem sie ihre Begattungsflüge abgeschlossen hat mit der Eiablage. Bald schon hat das Volk wieder ein schön geschlossenes Brutnest. Und der Duft der Königin ist jetzt so stark, dass alle wissen: Alles ist gut. Die Königin ist da!

Und die alte Herrscherin? Es gibt Imker, die behaupten, sie hätten Völker gehabt, in denen sie zwei Königinnen beobachtet hätten. Es mag sein, dass es kurze Zeiten in einem Volk gibt, in denen die alte noch geduldet wird, während die neue Königin schon da ist. Aber von Dauer ist das nicht. Irgendwann ist die alte Königin verschwunden. Vielleicht getötet von der jungen Monarchin, der sie zu nahe gekommen ist. Vielleicht umgebracht von Arbeiterinnen, die schon auf den Duft der neuen Königin geprägt waren und die alte nicht mehr als Angehörige des eigenen Volkes erkannten. Vielleicht ist die alte Königin auch verhungert, weil ihr Hofstaat sie verlassen hat, als er bemerkt, dass im Stock ein neuer Duft weht. Denn Macht hat eine Bienenkönigin nur, solange sie dem Volk dienen kann. Ist ihre Kraft erschöpft, dann endet auch ihre Zeit nach dem Willen ihrer »Untertaninnen«.

5. Der Bien – Superorganismus mit Köpfchen

Arbeiterinnen mit ihren vielfältigen Aufgaben, die Drohnen und die Königin – sie bilden das Team in einer Honigfabrik, das im Rhythmus der Jahreszeiten gemeinschaftlich das Überleben der Kolonie sichert. Dabei löst diese Gemeinschaft von lauter Einzelwesen arbeitsteilig und im kommunikativen Austausch Probleme, die die Einzelwesen allein niemals bewältigen könnten. Eine Bienenkönigin könnte auf sich gestellt keinen Nachwuchs schaffen, eine einzelne Honigbiene könnte keine Wabe bauen und ohne die Gemeinschaft der Mädchen in einem Bienenstock wäre ein Drohn hilflos und sein Dasein ohne Sinn. In biologischer Perspektive wird eine Gemeinschaft von Einzelwesen, die aufeinander angewiesen sind und die aufgrund interner Kommunikation und Abstimmung Leistungen erbringen, die die Einzelwesen allein nie bewältigen könnten, als »Superorganismus« bezeichnet. Ein solcher Superorganismus funktioniert wie ein Körper, nur dass dieser Körper eben nicht aus einzelnen Zellen mit unterschiedlichen Aufgaben und Weisen der Interaktion besteht, sondern aus selbstständigen Individuen. Der Superorganismus »Bienenvolk« kann so auch wie ein einziges atmendes, lebendes Wesen verstanden werden und wird darum manchmal als »der Bien« bezeichnet.

Wie Bienen die Welt erfahren – Klugheit mit dem siebten Sinn

Beobachtet man das Leben in einem Bien, dann kommt man nicht umhin, hinter diesem komplexen Ineinandergreifen so vieler verschiedener Aufgaben und Abläufe ein planvolles Handeln zu vermuten. Es scheint, dass Bienen klug sind, dass sie wissen, was sie wann tun oder lassen müssen, damit das Überleben und die Vermehrung des Volkes gesichert sind.

Wer aber handelt in einem Bienenvolk eigentlich klug und planvoll? Ist es die einzelne Biene, die für sich Entscheidungen trifft? Oder liegt der Grund der Klugheit eines Bienenvolkes nicht so sehr im Bienenindividuum, sondern in der Summe dieser Individuen, im ganzen Volk? Hat der Bien als Superorganismus Strukturen der Steuerung entwickelt, in denen die einzelne Biene wie eine Zelle in einem Körper eben bestimmte Aufgaben zu bestimmten Zeiten wahrnimmt?

Diese Fragen sind Gegenstand intensiver Forschungen auf dem Feld der Soziobiologie, einem Spezialgebiet der Verhaltensbiologie. Aus einfachen Anfangsannahmen leitet sie hochkomplexe Gedankengebäude ab, wie Bienen

»entscheiden« und was es mit der »Intelligenz der Bienen« auf sich hat. Doch wie zahlreich die Theorien auf diesem Feld auch sein mögen: Ihr Ausgangspunkt sind stets die Sinnesleistungen der Einzelbienen. Denn wenn diese oder das Volk als Ganzes »kluge« Entscheidungen treffen sollen, dann benötigen sie Informationen über die Zustände und Vorgänge in der Umwelt. Und darüber informieren sich die Bienen mit Hilfe ihrer Sinne. Wir wissen heute am besten über den Seh- und Geruchssinn der Biene Bescheid. Diese beiden sind ihre »Fenster« nach draußen und die Grundlage dafür, dass sie sich in der Welt der Blüten zurecht findet (Menzel u. Eckolt 2016).

Eine graubunte Welt in Zeitlupe – Wie Bienen sehen

Könnten wir Menschen sehen wie eine Biene, dann wäre das für uns eine Katastrophe. Zeitung lesen, Auto fahren, ein Besuch im Fußballstadion, die Nutzung von Laptop und Smartphone, das alles könnten wir komplett vergessen. Aber die Lebenswelt der Bienen ist ja eine ganz andere als die von uns Menschen. Ihr Sehvermögen ist so gestaltet, dass es sie dabei unterstützt, die speziellen Probleme zu lösen, vor denen ein Bienenvolk steht, wenn es überleben und sich vermehren will.

So hat eine Biene, anders als wir Menschen, nicht ein, sondern zwei Sehfelder. Eines, das vom rechten Auge, und eines, das vom linken Auge überblickt wird. Dazwischen liegt ein breiter Streifen schwarzes Nichts. Sitzt eine Biene still, dann sind die beiden Bilder, die sie erkennt, grob gepixelt. Jedes ihrer Augen besteht nämlich aus 6.000 Einzelaugen, »Ommatidien« genannt, die jeweils einen einzelnen Bildpunkt aufnehmen. Wenn wir das Gesicht eines Menschen durch ein Bündel von Trinkhalmen hindurch fotografieren, dann erhalten wir in etwa einen Eindruck davon, was eine Biene sieht, wenn sie sich nicht bewegt:

Ein grob gepixeltes, flächiges Etwas, das in sich nicht strukturiert ist und darum konturlos wirkt (vgl. Bild 10).

Dieses Bild verändert sich in dem Augenblick, in dem die Biene sich bewegt. Jetzt beginnen die Einzelbilder, die die Ommatidien aufnehmen, miteinander zu verschmelzen. Es ist in etwa so, wie wenn wir durch ein Fenster hindurchsehen, vor das ein Fliegengitter gespannt ist. Schauen wir hindurch, ohne den Kopf zu bewegen, dann wird das Fliegengitter uns das Bild z.B. eines Autokennzeichens draußen »verpixeln«. Bewegen wir den Kopf hin und her, dann verschwindet die Gitterstruktur des Netzes und wir sehen das Kennzeichen scharf.

Um diesen Effekt im Fliegengitterbeispiel zu erzielen, müssen wir die von uns wahrgenommene Bildfolge durch Drehen unseres Kopfes nur leicht erhöhen. Bienen haben nun nicht nur zwei, sondern 12.000 Augen. Sie brauchen darum wesentlich höhere »Bildgeschwindigkeiten«, um Bewegungen sehen zu können. Erst wenn mehr als 230 Bilder in einer Sekunde auf die Augen der Bienen treffen, wandelt sich für die Biene die Dia-Show einzelner Pixelflächen in einen bewegten Film. Das bedeutet zugleich: Bienen sehen selbst extrem schnelle Bewegungen nicht verwaschen, sondern gewissermaßen wie in Zeitlupe. Weil das so ist, können Bienen sich im Flug gegenseitig gut erkennen. Und das ist wichtig: im Schwarmflug, beim Verfolgen der Jungköniginnen durch die Drohnen und bei den Brauseflügen am Futterplatz, wenn es darum geht, den erfahrenen Sammlerinnen zu den besten Nektarquellen nachzufliegen. Das Wissen darum, dass Bienen schnelle Bewegungen besser sehen als langsame, ist auch für den Umgang mit ihnen von Bedeutung. Wer einmal in einen Bienenkasten schauen möchte oder mit Bienen arbeitet, der sollte auf hektische Bewegungen verzichten. Eine hektische Hand schnell über ein offenes Volk hin bewegt wird erkannt und gerne auch stechlustig angeflogen. Eine ruhige Hand dagegen bleibt unentdeckt, sodass die meisten Imker und Imkerinnen bei der Arbeit mit den Völkern nur selten Handschuhe anziehen. Wer aber, wenn ein paar Bienen ihn umfliegen, angstvoll nach ihnen schlägt, bietet ihnen damit erst recht ein perfektes Ziel ...

Aber nicht nur die Schärfe des Bildes, das Bienen sehen, ändert sich mit ihrer Fluggeschwindigkeit. Auch die Weise, wie sie Farben erkennen, ist abhängig von dem Tempo, mit dem sie unterwegs sind. Bienen sehen die Welt farbig. Aber der Farbeindruck, den Bienen von der Welt haben, ist völlig verschieden von dem der Menschen. Für Bienen existieren die drei Grundfarben Grün, Blau und Ultraviolett, aus denen dann alle anderen in diesem Farbspektrum möglichen Farbeindrücke zusammengesetzt werden. Die Farbe »Grün« sehen zu können, ist dabei eine uralte Fähigkeit der Insekten. Sie haben sie entwickelt, als es in der Pflanzenwelt noch keine bunten Blüten gab und die dominierende Farbe dort eben das Grün des sogenannten »Blattgrüns« Chlorophyll war. Daneben mussten die ersten Insekten nur die mineralischen Farben der Erde sowie das Blau des Himmels unterscheiden können. Und hier besonders das Muster des polarisierten Anteils des ultravioletten Lichtes. Dieses entsteht durch die Erdatmosphäre am Firmament (Wehner 2001). Wenn man es sehen kann, dann hilft das bei der Orientierung. Bienen können beides: Sie sehen das kurzwellige UV-Licht, das wir Menschen nicht sehen können, und sie können erkennen, ob und in welche Richtung es polarisiert ist. Deshalb wissen sie auch bei bedecktem Himmel, wo die Sonne gerade steht. Außerdem hilft ihnen diese Fähigkeit beim Anfliegen von Blüten. Denn viele Blütenpflanzen haben auf ihren Kronblättern Bereiche, die das ultraviolette Licht besonders gut reflektieren (vgl. Bild 9). Wir Menschen können das nicht sehen, für

Bienen sind diese reflektierenden Flächen dagegen eine Art »Befeuerung der Landebahn«.

Ob sie die Welt farbig sehen oder nicht hängt bei den Bienen wie bei uns Menschen jedoch von den Umständen ab. Wir Menschen sehen Farben nur in hellem Licht, bei Dämmerung verschwinden sie in unserer Wahrnehmung und nachts sind bekanntlich alle Katzen grau. Bei den Bienen sind diese es auch tagsüber. Immer dann nämlich, wenn sie zügig fliegen. Bienen können im Flug eine Geschwindigkeit von etwa 30 km/h erreichen. Bereits ab etwa 5 km/h verblassen für sie die Farben (Chittka u.Tautz 2002). Bei einer Fluggeschwindigkeit, die höher als 5 km/h ist, sind im Bienenauge nur noch diejenigen Sehzellen aktiv, die auf die Farbe »Grün« reagieren. Die Bienen sehen die Welt dann wie durch einen Grünfilter, durch den nur noch unterschiedlich intensive Grüntöne wahrgenommen werden. Objekte, von denen kein Licht mit der Wellenlänge »Grün« zurückgeworfen wird, erscheinen jetzt schwarz, oder aber weiß, wenn nur noch Grün zurückgeworfen wird (vgl. Bild 9).

Dieses merkwürdige Verschwinden der Buntheit der Welt ist aus Sicht der Bienen sinnvoll. Im schnellen Flug sind die grobe Struktur der Landschaft und das Erkennen von Hindernissen für die Bienen wichtig. Es geht ihnen darum, Strecke zu machen, die Orientierung nicht zu verlieren und Hindernissen aus dem Weg zu fliegen. Die bunten Blumen werden erst wieder interessant, wenn man sich auf eine Landung vorbereitet und darum das Tempo herausnimmt. Allerdings: Je bunter die Welt dann wieder wird, desto unschärfer nehmen Bienen sie wahr, denn sie brauchen zum scharfen Sehen ja etwas Geschwindigkeit. Um das Flugziel »Blüte« präzise ansteuern zu können, haben die Bienen darum ein weiteres Hilfsmittel: ihren Geruchssinn.

Ein Kosmos aus Parfüm und Spannung – Wie Bienen riechen und was sie spüren

Für alle fliegenden Insekten, die einem Ziel entgegensteuern, ist der Geruchssinn von überragender Bedeutung. Mit seiner Hilfe finden nicht nur Dungfliegen den frischen Kuhfladen und Wespen den schmackhaften Pflaumenkuchen, sondern auch Bienen die Blüten, die Pollen und Nektar für sie bereithalten. Die Blütendüfte, die im Zuge der gemeinsamen Evolution von nektarsaugenden Insekten und Blütenpflanzen entstanden sind, erfüllen für Bienen eine doppelte Aufgabe: Sie helfen ihnen zum einen, Pflanzenarten auseinander zu halten. Das ist wichtig, wenn es um das effiziente Sammeln eines lohnenden Nektarangebotes geht. Die Spurbienen müssen, wollen sie Sammlerinnen informieren, möglichst genau mitteilen können, was es zu holen gilt. Darum bringen sie eine Geschmacks- und Geruchsprobe ihres Fundes mit in den Stock. So ins Bild gesetzt können die Sammlerinnen in einen Richtungstrichter fliegen, den die Spurbiene »getanzt« hat. In diesem Trichter erkennen sie dann – und das ist die zweite Funktion des Blütenduftes – am Geruch der Blüte und am Lockduft der Sammlerinnen, die schon angekommen sind, wo die lohnende Nektarquelle zu erreichen ist.

Und nicht nur für das Auffinden lohnender Nektarquellen hat der Geruchssinn für Bienen eine überragende Bedeutung. Mit seiner Hilfe finden die Drohnen die Königin an den Drohnensammelplätzen. Der Pheromonduft der Majestät sorgt für den Zusammenhalt des Volkes. Angreifende Bienen rufen ihre Schwestern mit dem Duft ihres Giftes um Hilfe. Diese erkennen daran nicht nur, dass Gefahr im Verzug ist, sondern auch, wo der Feind steht. Denn in etwa so, wie wir Menschen die Richtung, aus der ein Geräusch kommt, mit Hilfe unseres Hörsinns bestimmen können, können Bienen den Ort, von dem her ein Geruch kommt, mit Hilfe ihres Geruchsinns identifizieren.

Der Geruchsinn der Bienen sitzt nämlich in Form einiger zehntausend Sinneszellen auf ihren Fühlern. Da eine Biene zwei Fühler besitzt, die frei beweglich sind, verfügt sie über eine Fähigkeit, die uns mit unserer unpaarigen und unbeweglichen Nase nicht gegeben ist: Die Bienen können räumlich riechen. Sie haben eine dreidimensionale Vorstellung vom Aufbau eines Duftfeldes (Martin 1964). Wir können uns nur vage vorstellen, wie es sein mag, nicht nur »etwas« riechen zu können, sondern dieses »Etwas« auch noch in unterschiedlichen Feldstärken wahrzunehmen und damit die Duftquelle präzise »erriechen« zu können. Unsere Vorstellung versagt vollständig, wenn wir eine weitere Sinnesleistung der Bienen betrachten, die wir Menschen überhaupt nicht haben: die Fähigkeit, elektrische und magnetische Felder wahrzunehmen.

Seit mehr als 50 Jahren ist bekannt, dass die Honigbienen durch das Erdmagnetfeld in ihrem Bauverhalten bei der Ausrichtung der Waben beeinflusst und dass ihre Tanzbewegungen im dunklen Stock vom Erdmagnetfeld abgelenkt werden können (v. Frisch 1965). Seit 40 Jahren wissen wir, dass sich die Kutikula der Bienen, also ihre Körperoberfläche, elektrisch aufladen kann (Yeshov 1976; in jüngster Zeit bestätigt durch Greggers et al. 2013). Mittels hochempfindlicher Messgeräte ließ sich auch zeigen, dass Blüten ganz bestimmte elektrische Ladungsmuster besitzen, deren Stärke so beschaffen ist, dass sie durchaus von Bienen wahrgenommen werden könnten (Clarke et al. 2013). Honigbienen erleben also elektrische und magnetische Felder in ganz kleinem, aber auch in ganz großem Maßstab. Sie stehen sozusagen immer etwas unter Spannung, und manchmal kann ihnen das richtige Probleme bereiten!

Die Sonne schießt ab und an riesige Mengen an Partikelströmen in das Weltall, die sogenannten »Sonnenwinde«. Das Erdmagnetfeld kann sich, wenn diese Partikelströme auf die Erde treffen, stark verändern. Es ließ sich nun beobachten, dass zu Zeiten besonders heftiger Sonnenwinde viele Sammelbienen offenbar nicht mehr zurück in den Stock finden. Das Erdmagnetfeld scheint für Bienen ähnlich wie für Zugvögel eine Art Richtungskompass zu sein. Ist es durch Sonnenwinde verschoben, dann funktioniert der Kompass nicht mehr. Bienen, die auf ein bestimmtes Muster eingeflogen sind, haben, wenn sich das Muster verschiebt, die falsche Karte im Kopf und fliegen buchstäblich in die Irre, sie finden nicht mehr in den Stock zurück (Ferrari u. Tautz 2015).

Lernen, planen, unterscheiden – Phänomene der Klugheit bei Bienen

Irren kann sich aber nur, wer prinzipiell in der Lage ist, zwischen verschiedenen Möglichkeiten zu wählen. Um eine Wahlmöglichkeit zu erkennen, muss ein Individuum wiederum über die Fähigkeit verfügen, verschiedene Informationen über seine Umwelt sachgerecht zu verarbeiten, zu speichern und wieder abzurufen. Es muss die Fähigkeit haben zu lernen. Das Lernvermögen der Honigbienen erstaunt, seit die Wissenschaft diese besondere Fähigkeit erkannt und damit begonnen hat, dessen Eigenschaften zu erforschen. Bienen lernen schon nach wenigen Ausflügen aus dem Bienenstock dessen Umgebung kennen, Bienen leisten bereits nach wenigen Dressurrunden in einem Experiment das Wiedererkennen von Farben und Formen. Bienen merken sich die Tageszeit, zu der es an einem bestimmten Ort Futter zu holen gibt (Pahl et al. 2010), und sie können schon nach nur einer einzigen positiven Erfahrung einen bestimmten Duft mit einer Belohnung durch Futter verbinden. Ja, es sieht so aus, als könnten Bienen sogar planvoll handeln!

In dem Bemühen, Insekten, die sie bestäuben können, anzulocken, haben Blütenpflanzen nicht nur eine enorme Vielfalt an Formen, Farben und Düften hervorgebracht. Blüten unterschiedlicher Arten können sich zu unterschiedlichen, aber arteigenen Tageszeiten öffnen und schließen. Auch die Produktion von Nektar kann einem solchen Biorhythmus folgen. Dieses erstaunliche Phänomen hat der schwedische Naturforscher Carl von Linné bereits im 18. Jahrhundert so sorgfältig untersucht, dass man aus den über den Tag verteilten Blühphasen verschiedener Blumenarten eine regelrechte Blumenuhr anlegen konnte. Man findet diese lehrreiche und unterhaltsame Anwendung einer gründlichen Naturbeobachtung noch heute in zahlreichen Gärten und Parks.

Für Bestäuberinsekten wie die Honigbienen bedeutet dieses chronobiologische Phänomen, dass unterschiedliche Nektarquellen zu unterschiedlichen Zeiten zugänglich sind. Die Lage wird für die nahrungssuchenden Bienen zusätzlich noch dadurch komplexer, dass diese Blüten meist noch an unterschiedlichen Orten stehen. Können nun Bienen, um unter solchen Umständen ihren Tagesablauf optimal einzurichten, ja regelrecht zu planen, erlernen, welche Blumen wann und wo erfolgreich besucht werden können?

Eine Forschergruppe um den Bienenforscher Prof. Shaowu Zhang publizierte in den Jahren 2006 (Zhang et al. 2006) und 2007 (Pahl et al. 2007) die Ergebnisse von Untersuchungen, mit denen sie diese Fähigkeit der Bienen nachweisen konnten. Frei fliegende Bienen wurden daraufhin trainiert, dass sie in einem y-artig angelegten Gangsystem Futter finden könnten. In diesem System wurden ihnen zwei alternative Wege angeboten, die beide mit einem optischen Muster unterschieden werden konnten. Nur wenn die Bienen das richtige optische Muster wählten, gelangten sie zum Futter. Die trainierten Bienen lernten nun nicht nur schnell, den richtigen Weg zu finden. Veränderte man die Versuchsanordnung mit der Tageszeit, dann lernten die auf den Futterplatz eingeflogenen Bienen auch diesen Unterschied: Sie wussten, dass das optische Muster, das am Vormittag auf Futter hinwies, am Nachmittag ein buchstäblich leeres Versprechen war und wählten das andere Muster. Das hatte am Vormittag zwar nichts zu bieten gehabt, wurde am Nachmittag nun aber als Hinweis auf eine leckere Portion Zuckerlösung verstanden.

Die Fähigkeit, sich daran zu erinnern, in welchem Zusammenhang (hier: Tageszeit der Belohnung und Ort der Belohnung) eine bestimmte Handlung (hier: Nektarsammeln) auszuführen ist, bezeichnet man in der Lernpsychologie als »episodisches Gedächtnis«. Dieses gilt als eine Form des Langzeit-Gedächtnisses. Die hier vorgestellte Leistung der Honigbienen weist entscheidende Merkmale eines solchen episodischen Gedächtnisses auf. Wir haben sie mit dem sperrigen Begriff »circadianes episodisch-ähnliches Gedächtnis« belegt (Pahl et al. 2007).

Und Bienen können sich nicht nur erinnern. Forscher an der Universität Würzburg konnten zeigen, dass Bienen in der Lage sind, Mengen bis zu einer Anzahl von vier Objekten recht sicher zu erkennen und zu unterscheiden.

Zeigt man Menschen nur kurz eine Schachtel mit bis zu vier Objekten, dann sind sie in aller Regel in der Lage, die korrekte Anzahl in der Kürze der Zeit zu erfassen und richtig wiederzugeben, wenn man die Schachtel wieder weggenommen hat. Erst ab fünf und mehr Objekten gelingt das in der Regel nur noch dann, wenn sie länger in die Schachtel sehen und so Zeit zum Zählen haben. Auch Affen, Tauben und andere Wirbeltiere können Mengen von weniger als fünf Gegenständen auf einen Blick erfassen und voneinander unterscheiden. Honigbienen besitzen diese Fähigkeit ebenfalls (Gross et al. 2009).

Man kann das auf folgende Weise zeigen: Es werden zwei nebeneinander stehende Tafeln aufgebaut. Eine Tafel zeigt ein Objekt, die andere zwei. Beide Tafeln haben ein Loch, durch das Bienen fliegen können. Aber nur, wenn sie durch das Loch in der Tafel mit den zwei Objekten fliegen, finden sie eine Belohnung in Form von Zuckerwasser. Tatsächlich lernen Bienen schnell, wo das Futter versteckt ist, und fliegen nur noch zur Tafel mit den zwei Objekten.

Verändert man nun die Anordnung der Tafeln oder die Anzahl, die Farbe oder die Form der darauf abgebildeten Objekte, dann irritiert das die eingeflogenen Bienen in keiner Weise. Sie fliegen immer zu der Tafel, auf der zwei Objekte zu sehen sind. Ob die Tafel rechts oder links steht, ob es sich bei den Gegenständen um rote Äpfel oder gelbe Punkte handelt, ist ihnen egal – nur zwei müssen es sein, denn zwei Objekte bedeuten Futter.

Trainiert man die Bienen nun auf Tafelpaare mit zwei und drei Objekten, dann auf welche mit drei und vier, dann finden die Bienen immer sicher heraus, wohin sie fliegen müssen. Sie scheitern erst, wenn sie es mit Objektmengen zu tun bekommen, die größer als vier sind.

Offenbar können also auch Bienen kleine Mengen korrekt schätzen. Vielleicht machen sie von dieser Fähigkeit Gebrauch, um schnell die Zahl der Blüten an einem Zweig oder die Zahl anderer Bienen auf einer Blüte abschätzen zu können. Und um sich dann ebenso schnell zwischen den Optionen »Landen« oder »Durchstarten« zu entscheiden.

Eine Variante des beschriebenen Versuchs führte zu einer weiteren verblüffenden Erkenntnis: Bienen erkennen »Bildsprachen« oder Strukturanalogien, wie auch wir Menschen das können. Wer sich ein wenig mit Kunst beschäftigt, der wird schnell lernen, Gemälde anhand des malerischen Stils einem Künstler zuzuordnen, selbst wenn er ein bestimmtes Gemälde zum ersten Mal sieht. Ein Picasso unterscheidet sich eben im Hinblick auf ganz bestimmte »typische« Merkmale von einem Monet.

Ein australisch-brasilianisches Forscherteam um die Biologin Judith Reinhard kam nun auf die Idee, Honigbienen daraufhin zu untersuchen, ob sie zu ähnlichen Leistungen fähig sind. Bienen wurde in einer Versuchsanordnung, die der soeben beschriebenen ähnlich war, eine Wahlmöglichkeit geboten: zwei Tafeln, von denen eine ein impressionistisches Gemälde von Monet und die andere ein kubistisches von Picasso zeigte. Nur bei einer Tafel gab es Futter.

Hatten die Bienen gelernt, bei welchem Künstler es Zuckerwasser zu saugen gab, bekamen die »kunsterfahrenen« Honigbienen andere Gemälde dieser beiden Künstler vorgesetzt, die sie bisher noch nicht kannten. Eine richtige Entscheidung war jetzt nur möglich, wenn der Malstil der beiden Künstler erkannt und dieses Wissen als Grundlage für die Wahl genutzt wurde. Und tatsächlich: Zwar fanden die trainierten Bienen mit den neuen Bildern nicht mit absoluter Sicherheit, aber doch häufiger ins Ziel, als es reiner Zufall erwarten lässt. Bienen verfügen also offenbar über die Fähigkeit, wiedererkennbare Merkmale in komplexen Strukturen zu extrahieren, zu kategorisieren und sich diese zu merken (Wu et al. 2013).

Compañeras mit Tradition

Als Teil des Superorganismus »Bien« vollbringen die einzelnen Bienen erstaunliche Leistungen. All diese Fähigkeiten haben sie aber nicht schon in dem Augenblick, in dem sie aus ihrer Zelle krabbeln. Sie haben die Anlagen, diese Fähigkeiten zu erwerben, das ja. Aber entwickeln können sie sie nur in der Gemeinschaft des Superorganismus, des Bien. Die außergewöhnlich hohe Lernfähigkeit der Bienen und das ununterbrochene Zusammenleben mit den Mitgliedern der

Kolonie bilden die Voraussetzungen für die Weitergabe von Wissen. Ein Experiment, das der berühmte deutsche Verhaltensforscher und Bienenwissenschaftler Martin Lindauer schon vor 50 Jahren durchführte, zeigt, dass Bienenvölker sogar Wissenstraditionen ausbilden können.

Professor Lindauer trainierte ein Bienenvolk darauf, dass eine Futterstelle zu einer sehr ungewöhnlichen Tageszeit, nämlich zwischen 5 und 6 Uhr am frühen Morgen, geöffnet wurde. Die Sammelbienen dieses Volkes lernten rasch und besuchten die Futterstelle nur im antrainierten Zeitfenster. In diesem Volk gab es, wie im Sommer eben üblich, ein Brutnest mit verdeckelten Puppenzellen.

Ein weiteres Bienenvolk trainierte Professor Lindauer auf einen anderen Futterplatz, an dem es den ganzen Tag über etwas zu holen gab. Nun entnahm er dem ersten Volk verdeckelte Brut und ließ die Brut in dem Volk schlüpfen, dem den ganzen Tag über Futter angeboten wurde.

Die spannende Frage war nun: Wann sammelten die Jungbienen aus dem ersten Volk, die im zweiten zur Welt kamen? Würden sie ihre ersten Touren zusammen mit den Sammelbienen ihres neuen Volkes fliegen, die den ganzen Tag über sammelten? Oder hatten sie schon als Puppen noch in den Zellen gelernt, in welchem Zeitfenster der Sammeleifer im Elternvolk hoch ist? Das Verblüffende: Die Bienengruppe aus dem Frühaufsteher-Volk flog nicht mit ihren eher spät startenden und den ganzen Tag über sammelnden Stockgenossinnen aus dem zweiten Volk aus, sondern zu dem Zeitpunkt, an dem ihr Elternvolk aktiv war. Das Elternvolk, in dem sie als Puppen gelebt hatten, sammelte nur zwischen 5 und 6 Uhr, und genau das taten die aus diesem Volk stammenden Sammelbienen auch im neuen Volk. Das gleiche Phänomen zeigte sich, wenn das Elternvolk auf ein Zeitfenster zwischen 20 und 21 Uhr trainiert war. Dann sammelten die Bienen, die dies als Puppen erlebt hatten, auch um diese späte Tageszeit (Lindauer 1985). Bienen können offenbar schon vor dem Schlupf Eigenheiten ihres Volkes wahrnehmen und erlernen. Sie kommen mit einer Tradition aus Wissen und Erfahrung zur Welt.

Verhaltensleistungen basieren nun gewöhnlich auf Eigenschaften, Fähigkeiten und Aktivitäten von Nervensystemen, an erster Stelle des Gehirns. Kann man also am Gehirn eines Insektes erkennen, ob man eine sozial hoch organisierte, mit außergewöhnlichen Fähigkeiten ausgestattete Honigbiene vor sich hat, oder eher eine solitär lebende, dem Aasgeruch folgende Schmeißfliege?

Die Antwort ist: Nein! An der Aktivität des Gehirns lässt sich nicht erkennen, ob ein Insekt einem arbeitsteilig und sozial organisierten Superorganismus entstammt oder ob es allein unterwegs ist. Aber am Darm. Wir haben schon gehört, dass Arbeitsbienen nicht nur die Königin mit Nahrung versorgen und aufpassen, dass die Larven und die Drohnen satt werden, sondern dass sie sich auch gegenseitig füttern. Der Futteraustausch selbst wird wissenschaftlich »Trophallaxis« genannt. Er umfasst weit mehr als die Sorge dafür, dass alle etwas abbekommen vom Nahrungsangebot. Trophallaxis ist bei vielen staatenbildenden Insekten die soziale Kommunikationsform schlechthin. Durch den Futteraustausch und den dabei zugleich stattfindenden Austausch von Duftstoffen erfahren im Bienenvolk alle, was gerade so los ist: Welcher Nektar kommt gerade herein? Was für Pollen haben wir? Geht es uns gut? Haben wir eine Königin?

Die Harmonie, der Zusammenhalt und der Austausch von Informationen werden in einem Bienenvolk also dadurch gewährleistet, das alle Bienen sozusagen »Compañeras« sind, »Mitbrötlerinnen«, Individuen, die ihr Brot teilen. Und das erkennt man an der Anatomie der Honigbiene: Bienen haben einen sogenannten »sozialen Magen«, die Honigblase. Das ist ein extrem dehnbarer Darmabschnitt im Hinterleib vor dem eigentlichen Verdauungstrakt. Hier hinein kommt der gesammelte Nektar, der nach Hause gebracht, ausgewürgt und dem Bien zur Honigproduktion zur Verfügung gestellt wird. Lediglich ein sehr geringer Anteil des Nektars wird für deren Eigenbedarf in den Verdauungstrakt der Sammelbiene weiterbefördert. Und in die Honigblase kann auch im Stock Nahrung aufgenommen werden, die man mit anderen teilt. Der Zusammenhalt, die Liebe – wenn man so will –, geht im Bien also buchstäblich durch den Magen.

HONIG IST NICHT ALLES, ABER OHNE HONIG IST ALLES NICHTS – DIE PRODUKTPALETTE DER HONIGFABRIK

In einem kleinen, holzverkleideten Raum sitzt ein Mann auf einem Stuhl und liest in einer Zeitung. Mund und Nase des Herrn sind mit einer Atemmaske bedeckt. Von der Maske führt ein Schlauch in einen kleinen Kasten, der wiederum auf eine Kunststoffplatte montiert ist. Diese liegt als Deckel auf einer Magazinbeute. Das Bild zeigt, wie ein ganz besonderes Produkt der Honigfabrik genutzt wird: die Luft im Bienenstock. Der Mann auf dem Bild atmet über einen längeren Zeitraum mit Hilfe eines speziellen Inhalators gefilterte Luft aus dem Inneren eines Bienenvolkes ein. Er unterzieht sich einer sogenannten »Stocklufttherapie«. Diese soll hilfreich sein u.a. bei gesundheitlichen Problemen der Lunge und der oberen Atemwege, weil in der Stockluft enthaltene flüchtige Substanzen antibakteriell und antimykotisch wirken. Selbst wenn das genaue Ausmaß einer solchen mikrobiologischen Wirkung noch offen ist, allein die wohlig wirkende Kombination aus angenehmem Geruchsangebot und gemütlichem Bienenbrummen wird seine heilende Wirkung nicht verfehlen.

Dass Stockluft als Produkt der Honigfabrik gilt, ist neu und zeigt: Es sind längst nicht mehr allein die Bienenprodukte Wachs und Honig, die Menschen nutzen. Ein vor allem naturheilkundliches Interesse hat in den letzten Jahrzehnten die gesamte Produktpalette, die die Honigfabrik in ihrem Sortiment hat, in ganz neuer Weise ins Zentrum gerückt. Von der »Gesundheit aus dem Bienenkasten« ist die Rede, und die »Apitherapie« ist mittlerweile ein fester Bestandteil im naturheilkundlichen Verfahrensangebot. Tatsächlich wird international mit zum Teil erstaunlichen Ergebnissen zur medizinischen Wirksamkeit von Bienenprodukten geforscht. Es würde allerdings den Rahmen unserer Betriebsbesichtigung sprengen, all die verschiedenen Therapieideen, die es zu Propolis und Pollen, Bienengift und Wachs, Gelee royale und eben Honig gibt, hier zu behandeln (vgl. dazu: Münstedt et al. 2015). Im Folgenden soll es um viel einfachere Fragen gehen: Was produzieren die Bienen wie und zu welchem Zweck? Wir richten also den Blick vor allem auf die Bienen selbst. Auf den Nutzen, den die Ergebnisse ihrer Mühen und ihres Könnens für das Leben eines Bienenvolkes haben. Erst dann geht es um die Frage, was ein Imker mit den verschiedenen Erzeugnissen der Honigfabrik anfangen kann – oder auch nicht.

Dabei gibt es eine grundsätzliche Unterscheidung, was die Produktpalette der Honigfabrik angeht: Ein Teil derselben kommt unmittelbar von den Bienen selbst. Bienengift, Wachs und Gelee royale werden im Körper der Bienen produziert und von ihnen ausgeschieden. Bei Propolis, Bienenbrot und Honig dagegen handelt es sich um Produkte, für die die Bienen Rohstoffe sammeln, die sie dann weiterverarbeiten. Schauen wir also zuerst, was eine Biene selbst alles mit ihrem kleinen Körper zustande bringt. Danach wenden wir uns ihrem Sammeleifer zu.

1. Gespritzt, geschwitzt und ausgespuckt – Was aus einer Biene so alles rauskommt

Da freut man sich über den Sommer, kann endlich Schuhe und Socken einmal weglassen, den kühlen Rasen an den Füßen spüren – und dann das: ein scharfer Stich, ein pulsierender Schmerz und, wenn es ganz dumm läuft, eine viertel Stunde später ein richtig dicker Fuß. Eine Biene sammelte Nektar im Klee. Sie fand es nicht so toll, dabei gestört zu werden, und hat zugestochen, als der Fuß sie tiefer in den Rasen drückte, als sie es gut fand.

Schmerzhaft, aber gut gegen Rheuma – das Bienengift

Alle weiblichen Bienen, auch die Königin, haben in ihrem Hinterleib einen sogenannten Stachelapparat. Dieser besteht aus zwei Drüsen, etwas Muskulatur, einer Giftblase und dem eigentlichen Stachel, der wiederum von zwei Stachelborsten gebildet wird. Sticht eine Biene, dann dringt zuerst eine Stachelborste in die Haut ein, dann rutscht die zweite in das »vorgebohrte« Loch, gleitet aber etwas tiefer, woraufhin die erste wiederum folgt und so weiter, bis der Stachel in seiner ganzen Länge eingedrungen ist. Dabei spritzt die Muskulatur der Giftblase deren Inhalt in die entstehende Wunde. Etwa 0,1 mg Bienengift finden den Weg in die Haut des Feindes. »Apitoxin«, so der wissenschaftliche Name der Substanz, ist ein Eiweißgift, auf das das Immunsystem des Gestochenen sofort mit Abwehr reagiert. Es entsteht eine lokale Entzündung mit Schmerz und Schwellung, Rötung der Haut, Hitze und Juckreiz. Eigentlich ganz harmlos, solange das Immunsystem des Gestochenen nicht durchdreht und überreagiert. Das geschieht in sehr seltenen Fällen und wenn, dann in sehr kurzer Zeit nach einem Stich: Innerhalb von Minuten bilden sich Quaddeln auf der Haut, dem Gestochenen wird schlecht, der Darm spielt verrückt, der Kreislauf bricht zusammen, er bekommt Atemnot. Ursache ist eine flutartige Ausschüttung von Histamin aus den Körperzellen, wodurch ein sogenannter anaphylaktischer Schock ausgelöst wird. Dieser kann, unbehandelt, tödlich enden.

Allerdings: Eine solche Reaktion ist sehr, sehr selten. Häufiger dagegen kommt es nach einem Stich zu deutlichen Schwellungen, die oft über Stunden noch zunehmen können. Das wird dann meist als allergische Reaktion auf Bienengift wahrgenommen und mit allem Tamtam und nicht selten in der Notaufnahme behandelt. Ob aber immer eine Allergie vorliegt? Imker machen die Erfahrung, dass ein Bienenstich immer in gleicher Weise weh tut, nach einiger Zeit des Umgangs mit den Tieren und nach zahlreicheren Stichen die Schwellungen aber nachlassen. Das Immunsystem kennt die Prozedur und lernt offenbar, sich nicht mehr darüber aufzuregen. Lediglich Stiche in weicheres Gewebe wie z.B. am Auge oder – sehr, sehr schmerzhaft – an den Lippen, verursachen dann noch sichtbare Beulen. Wenn aber der Körper eines Imkers oder einer Imkerin sich an Bienenstiche gewöhnt, dann könnte die starke Zunahme von »Allergien« auf Bienengift vielleicht auch ein Phänomen der wachsenden Distanz zwischen Mensch und Natur sein? Die allermeisten Menschen in unseren Breiten werden in der Kindheit nie von einer Biene gestochen. Ihr Immunsystem ist untrainiert. Wenn es dann in späteren Jahren doch einmal zu einer unliebsamen Begegnung auf dem Rasen kommt, wird aus einer lokalen Schwellung eben schnell ein Elefantenfuß.

Für den oder die Gestochene ist das natürlich sehr unerfreulich, für die stechende Biene hat die Sache aber einen weit größeren, oder richtiger: gleich mehrere kleine Haken. Die Stechborsten haben nämlich kleine

Widerhaken. Werden sie in den Chitinpanzer eines anderen Insekts gestoßen, ist das kein Problem. Der Gegner ist von der stechenden Biene buchstäblich auf den Haken genommen und kann nicht mehr weg. Ist die Giftblase entleert, kann die Biene die Stachelborsten wieder herausziehen, indem sie vom Gegner ablässt und wegfliegt. Zwar ist die Giftblase nun leer und wird auch nicht wieder gefüllt werden, aber die Biene hat ihre Aufgabe z.B. als Wächterin erfüllt und das Tor zur Honigfabrik etwa gegen eine diebische Wespe erfolgreich verteidigt. Hat sie aber ein Wirbeltier gestochen, dann wird sie ebenfalls versuchen wegzufliegen. Die Haut des Gegners aber gibt den Stachel nicht frei, weil die Widerhaken der Stechborsten in dem elastischen Gewebe nicht gelöst werden können. Im Wegfliegen reißt sich die Biene darum den gesamten Stachelapparat aus dem Hinterleib. Sie wird an dieser offenen Wunde sterben (vgl. Bild 11).

Dass Bienen nach einem Stich sterben können, macht die Gewinnung von Bienengift zu einer recht komplizierten Angelegenheit. In den meisten Imkereien kommt Bienengift darum nur in der Giftblase der Bienen oder im Körper des Imkers vor. Man kann es allerdings »ernten«, indem man Bienen am Flugloch abfängt, sie mit einer Pinzette festhält, dadurch wütend macht und sie dann drängt, in eine Folie zu stechen. Aber das ist nicht nur für die Bienen lästig. Üblicherweise gewinnt man darum Apitoxin, indem man vor dem Flugloch eines Volkes eine stromführende Sperre anbringt. Einfliegende Bienen, die in den Stock zurückkehren wollen, erhalten einen kleinen Stromstoß. Der macht sie aggressiv und veranlasst sie zum Stechen. Dabei wird das Gift auf eine Glasplatte gespritzt. Dort trocknet es und kann später abgeschabt werden. Verwendet wird es dann z.B. in Salben gegen rheumatische Erkrankungen der Gelenke.

Wunderpudding für die Königin – Gelee royale

Bienengift ist ein Sekret, das im Körper der Biene etwa von ihrem dritten bis zu ihrem 20. Lebenstag gebildet wird. Dann ist die Giftblase voll, die Apitoxinbildung hört auf, und sie kann nach einem Stich auch nicht wieder aufgenommen werden. Anders verhält es sich mit einem weiteren Sekret, das Bienen bilden können: dem Gelee royale, von dem hier schon öfter die Rede war. Gebildet wird es von den Ammenbienen aus den Sekreten ihrer Futtersaft- und Mandibeldrüsen. Gelee royale ist, wie der Name es schon andeutet, die Speise der Königin. Sie wird bereits als Larve nur mit diesem Wunderpudding gefüttert und bekommt ihr ganzes Leben lang nichts anderes.

Dieser stumpf-weißen, muffig-säuerlich schmeckenden cremigen Substanz werden in der Naturheilkunde und in der kosmetischen Industrie zahlreiche herausragende Wirkungen zugeschrieben. So soll es u.a. erfolgreich gegen Falten wirken und auch in der Krebstherapie hilfreich eingesetzt werden können. Gewinnen kann man es, indem man ein Bienenvolk animiert, möglichst viele Weiselzellen zu pflegen. Wie das geht, werden wir noch hören. Hier nur so viel: Sind die Zellen mit Gelee royale versorgt, dann entnimmt man sie dem Volk und saugt den Futtersaft ab. Gefriergetrocknet kann er dann in medizinischen und kosmetischen Produkten zur Anwendung kommen. In Deutschland gibt es allerdings so gut wie keine gewerbsmäßige Gewinnung dieser Substanz. Hier verarbeiteter Königinnenfuttersaft kommt in der Regel aus Asien oder Osteuropa. Imker und Imkerinnen in Deutschland haben in der Regel nicht mehr zu ernten als die wenigen Gramm, die man – wir werden noch davon hören – in den Schwarmzellen eines Volkes vorfindet.

Duftender Baustoff mit Leuchtkraft – Wachs

Gehören Bienengift und Gelee royale nicht zu den Produkten der Honigfabrik, die ein Imker regelmäßig erntet, so verhält es sich mit dem Wachs der Bienen ganz anders. Lange Zeit war es mindestens ebenso wertvoll, wenn nicht wertvoller, als der Honig. In Zeiten nämlich, in denen es noch kein elektrisches Licht gab und der nächtlichen Dunkelheit nur mit Kienspänen, Ölfunzeln oder Trankerzen etwas Helligkeit abgerungen werden konnte, waren Kerzen aus Bienenwachs eine Art Hightech-Luxus. Sie brannten lange, rußten wenig und hatten zudem noch einen wunderbaren Duft. In einer Welt, in der Körperhygiene nicht gerade überbewertet wurde, war diese Eigenschaft nicht unbedeutend.

Wachs war aber ein knappes Gut. Es wurde, wir haben es am Anfang dieses Buches gehört, zusammen mit dem Honig den Bienenvölkern entnommen, indem man die Waben herausbrach und dabei das Volk nicht selten tötete. War der Honig aus den Waben gequetscht – Honigschleudern sind eine Erfindung des 19. Jahrhunderts –, dann konnte das Wachs geschmolzen, gesiebt und zu Kerzen verarbeitet werden. Ein knapper Rohstoff und eine aufwändige Bearbeitung machen ein Produkt teuer. Entsprechend fanden sich Bienenwachskerzen vor allem bei denen, die es sich leisten konnten: in den Gemächern des Adels und – in Kirchen und Klöstern. Der besonderen Bedeutung, die die Kerzen für die Gottesdienste und liturgischen Feiern des Christentums haben, verdankt es die Biene, dass sie es bis in die Osternachtliturgie der Kirchen geschafft hat. Dort findet ihre Mühe im Exsultet, dem Osterlob, Beachtung. Wenn die Osterkerze gesegnet wird, betont der Segnende, dass sie »aus dem köstlichen Wachs der Bienen bereitet« ist.

Heute allerdings stimmen Gebetstext und Wirklichkeit in den seltensten Fällen noch überein, sodass auch in der Osternacht geflunkert wird. Osterkerzen sind heute wie die meisten anderen Kerzen auch aus Stearin gemacht. Mit der Erfindung des Stearins verlor das Bienenwachs als Kerzenrohstoff schnell seine Bedeutung. Allerdings: Mit der Entwicklung der beweglichen Wabe konnte bald auch der Honig geerntet werden, ohne die Waben zerstören zu müssen. Sie konnte den Bienen zurückgegeben werden. Die Menge an Wachs, die in einer Imkerei anfiel, sank dadurch deutlich.

Heute ernten Imker vor allem sogenanntes »Entdeckelungswachs« und solches, der aus »Altwaben« anfällt. Entdeckelungswachs bleibt bei der Honigernte übrig. Davon wird gleich noch ausführlicher die Rede sein. Altwaben sind Waben, in deren Zellen über einen Zeitraum von zwei oder drei Sommern junge Bienen erbrütet wurden. Immer, wenn eine junge Biene schlüpft, hinterlässt sie, wir hörten schon davon, ihr Puppenhäutchen. So schichtet sich in jeder Zelle der Brutwaben nach und nach ein Puppenhäutchen in das andere. Mit zwei Folgen: Zum einen werden die Bienen, die aus den häufig bebrüteten Zellen schlüpfen, immer kleiner. Das Zellenvolumen wird ja geringer. Zum anderen werden die Brutwaben immer dunkler: Eine anfangs einladend honiggelbe Wabe ist nach drei Sommern im Volk schwarz wie Lakritz. Wenn es soweit ist, wird es höchste Zeit, dem Volk die – brutfreie – Wabe zu entnehmen und sie einzuschmelzen.

Das bei der Entdeckelung von Honigwaben und den aus Altwaben anfallende Wachs kann man als Imker verkaufen (vgl. Bild 12). Daraus werden Bienenwachskerzen gemacht. Wachs findet aber auch in der Pharmazie als Beifügung z.B. in Salben Anwendung und wird in manchen technischen Bereichen, etwa zur Holzbehandlung, eingesetzt. Die Regel ist aber, dass Imker ihr Wachs im

Spezialhandel gegen Mittelwände eintauschen. Diese werden dann wieder in Rähmchen eingelötet und so den Völkern zugesetzt, damit die Bienen sie zu neuen Honig- und Brutwaben ausbauen. Viele bemühen sich dabei sogar um einen eigenen Wachskreislauf: Aus genau dem Altwachs, das sie abgegeben haben, lassen sie sich ihre Mittelwände gießen oder gießen sie zum Teil sogar selbst. Auf diese Weise weiß der Imker, dass in seinem Wachs keine Stoffe enthalten sind, die er nicht darin haben möchte.

2. Abgeschabt und abgestaubt – Propolis, Pollen und Bienenbrot

Wie die Bienen zum Wachs kommen, das erzählt das erste Kapitel dieses Buches: Sie »erschwitzen« es, während sie ihre Waben bauen. Wachs ist damit ein Baumaterial, das die Bienen sozusagen aus sich selbst gewinnen können.

Panzerband von Blütenknospen – das Propolis

Aber es gibt noch einen anderen wichtigen Werkstoff in der Honigfabrik. Er erfüllt – unter anderem – eine Funktion, die in mancher Werkstatt mittelmäßig begabter Hobbyhandwerker das Klebeband hat: Es dient dazu, alles, was nicht dicht oder nicht niet- und nagelfest ist, zu fixieren. Die Rede ist vom »Propolis«. Das Wort ist aus den griechischen Wörtern »pro« und »polis« zusammengesetzt. »Pro« heißt zunächst »vor« in einem räumlichen Sinne und »polis« heißt »Stadt«. Man liest darum in vielen Büchern über die Imkerei, »Propolis« heiße so, weil die Bienen es »vor der Stadt« anwenden, nämlich um Fluglöcher, die ihnen zu groß sind, zu verkleinern. Dies hätten schon die Imker der Antike beobachtet und daher der griechische Name. Nun mag es sein, dass Bienen in der Antike Fluglöcher von Tonröhren mit Propolis verkleinerten. Bienen, die heute ihr zuhause in Magazinen haben, tun das nur sehr selten. Meist machen sie sogar das Gegenteil und versuchen, das Flugloch zu vergrößern, wenn es ihnen in der Honigfabrik zu warm wird.

Nun kann das Wort »pro« in einem übertragenen Sinn auch mit »für« oder »zum Schutz von« übersetzt werden. Und dann kommt man der umfassenden Bedeutung, die dieser besondere Werkstoff für die Bienen hat, viel näher: Es ist das Allzweckmaterial, das die Bienen »für« und »zum Schutze ihrer Stadt« anwenden. Was heißt das aber genau? (Vgl. Bild 13)

Bienen können die Rohstoffe für Propolis nicht selbst produzieren. Sie müssen diese sammeln und finden sie in Harzen, die Bäume und Pflanzen ausscheiden. So verwenden Bienen die klebrige Substanz, die z.B. die Blatt- und Blütenknospen von Kastanien umgibt, um daraus Propolis herzustellen. Sammelbienen nehmen den Stoff auf und vermischen ihn schon bei der Aufnahme mit dem Sekret ihrer Mandibeldrüsen. Zurück in der Honigfabrik werden durch Verkneten mit den Mundwerkzeugen Wachs, etwas Pollen und auch Honig hinzugefügt. In der Stockwärme entsteht so eine geschmeidige, intensiv duftende, rötlich-braune Masse. Diese hat eine Fülle von Eigenschaften, die in der Honigfabrik bestens zu gebrauchen sind. Propolis klebt hervorragend, wird aber brüchig und spröde, wenn es kalt wird. Die Bienen können es darum verwenden, um alle losen Teile in ihrer Behausung zu fixieren. Imker können ein Lied davon singen! Nicht umsonst ist der »Stockmeißel« ihr wichtigstes Werkzeug. Er ist als Hebel für die Arbeit am Bienenvolk unverzichtbar und dient vor allem dazu, die Rähmchen zu lösen, die die Bienen oft ganz fest mit den

Magazinrändern und miteinander verbinden. Aber auch die Zargen werden gerne fest miteinander verbacken. Gerade die erste Völkerdurchschau im Frühjahr ist darum manchmal eine kräftemäßige Herausforderung. Die Bienen haben die Etagen der Honigfabrik so fest zusammengeklebt, dass man sie kaum wieder auseinander bekommt.

Daneben ist Propolis wasserabweisend, allerdings auf eine recht komplexe Weise, sehr zum Vorteil für die Bienen, wie neue Forschungen zeigen. Bienen, die ihre Wohnung in einer natürlichen Baumhöhle finden, kleiden diese vollständig mit Propolis aus. Neuere Studien zeigen, dass Propolis, obwohl es Wasser in seiner flüssigen Form abweist, ein wichtiger Faktor zur Senkung der Feuchte in einer bienenbewohnten Baumhöhle ist (T. Schiffer, persönliche Mitteilung 2017). Die Verhältnisse sind kompliziert und es gibt noch Forschungsbedarf. Honigbienen errichten aus Propolis sogar Feuerschutzwände, Kolonien von *Apis mellifera capensis*, der südafrikanischen Biene, bauen ihre Nester bodennah in Felslücken, deren Zugänge sie bis auf wenige Durchschlupföffnungen komplett mit einer Propoliswand zubauen. Natürlich auftretende Buschfeuer mit entsprechender Hitze überstehen die Kolonien auf ihren Waben hinter diesen Feuerschutzwänden (Tribe et al. 2017).

Und nicht nur als Allzweckkleber, Allzwecklack und Asbestersatz findet »Kittharz«, so die imkerliche Bezeichnung, in der Honigfabrik Anwendung. Es ist vor allem ein Allround-Desinfektionsmittel. Propolis tötet Bakterien, Pilzsporen und sogar Viren. Mit Hilfe von Propolis sorgen die Bienen darum für eine zwar etwas schmuddelig aussehende, tatsächlich aber hygienisch einwandfreie Sauberkeit in ihrer Fabrikhalle. Wie beeindruckend die Wirkung von Propolis ist, kann man als Imker manchmal sehen, wenn es größeren Insekten oder gar einer Maus gelungen ist, in ein Bienenvolk einzudringen, der Eindringling den Weg nach draußen aber nicht mehr gefunden hat. Weil der Leichnam zu groß ist, um von den Bienen hinausgeschafft zu werden, er aber nicht im Stock verwesen soll, wird er komplett mit Propolis umschlossen. Man findet dann auf dem Boden der Fabrik manchmal die Mumien von Faltern, Schnecken oder eben einer Maus.

Tatsächlich war diese Wirkung von Propolis schon im alten Ägypten bekannt. Es wurde dort – wie im Bienenvolk – bei der Einbalsamierung Verstorbener verwendet. Und nicht nur das: Auch seine desinfizierende, wundheilende Wirkung hatte man damals schon beobachtet. Heute ist diese Eigenschaft von Propolis der Grund, weswegen es eine bedeutende Rolle in der Apitherapie spielt. In Salben eingearbeitet unterstützt Propolis die Wundheilung, gelutscht lindert es Infektionen der oberen Atemwege und geschluckt soll es auch bei Entzündungen im Magen und Darmtrakt hilfreich sein.

Um Propolis zu gewinnen, kann der Imker es von den Rähmchen oder Zargen abkratzen. Rohpropolis muss dann in Alkohol gelöst, gesiebt, gefiltert und durch Verdunsten des Alkohols wieder eingedickt werden. Wenn man die so entstehende zähe, klebrige Masse einfriert, wird sie spröde und kann zu Pulver gemahlen werden. Dieses wird dann z.B. in Salbengrundlagen eingearbeitet. Aber Vorsicht: Bienen sammeln die Harze, aus denen sie Propolis machen, dort, wo sie sie finden. An einer gleichbleibenden Zusammensetzung der verschiedenen Harzsorten und ihrer Bestandteile haben sie keinerlei Interesse. Propolis ist darum je nach Sammelgebiet der Völker, ihren Vorlieben und der Jahreszeit ganz unterschiedlich in der Zusammensetzung. Das ist medizinisch nicht unproblematisch, denn die Bienen tragen manchmal Harze ein, auf die manche Menschen allergisch reagieren. Man sollte darum Propolispräparate vorsichtig gebrauchen und besser nur Produkte verwenden, die nicht privat irgendwie zusammengemischt wurden, sondern von zertifizierten Herstellern stammen. Diese beziehen das von ihnen verarbeitete Propolis in der Regel aus Imkereien, die sich auf die Propolisproduktion spezialisiert haben. Dafür werden Gitter, die kleine Löcher haben, auf ein Volk gelegt. Die Bienen verkitten diese Löcher, damit wieder alles schön dicht ist. Man kann die Lochgitter dann abnehmen, einfrieren und das Propolis herausdrücken und weiterverarbeiten.

Kraftnahrung aus dem Blütenmeer – der Pollen

Knifflig ist auch die Ernte eines anderen Produktes, das die Bienen sammeln: des Pollen, der kleinen Körnchen also, die als »Blütenstaub« die männlichen Keimzellen der meisten Blütenpflanzen bilden. In diesem Buch war schon oft von ihm die Rede: Er ist, neben dem Honig, der wichtigste Energielieferant für die Honigfabrik. Bietet Honig die Energie in Form von Kohlenhydraten, die ein Volk zum Leben benötigt, so finden die Bienen im Pollen die Eiweiße und Fette, die Vitamine und Spurenelemente, die sie zum Überleben und besonders für die Ernährung der Bienenbrut brauchen.

Die Bienen kommen zum Pollen, indem sie ihn buchstäblich abstauben. Wenn sie in einer Blüte den Nektar saugen, müssen sie in der Regel an den Staubblättern vorbei, auf denen die Pflanzen den Pollen bilden. Sie werden hier mit dem Blütenstaub dann richtig eingepudert. Ja, manche Pflanzen haben im Laufe der Evolution sogar kleine Mechaniken ausgebildet, mit denen sie Bienen den Blütenstaub aufdrücken, so z.B. das drüsige Springkraut. Bienen, die aus den Blüten dieser Pflanze Nektar geholt haben, kehren mit zwei »Ralleystreifen« zum Flugloch zurück: Auf der Oberseite ihres Brustkörpers haben sie zwei weiße Pollenlinien. Die Pflanze hat ihnen diese, als sie tief in der Blüte steckten, aufgestempelt. Allerdings bringen nicht nur nektarsammelnde Bienen den Pollen sozusagen als Zugabe mit. Besonders im Frühjahr, wenn das Volk wächst und viel Eiweiß gebraucht wird, konzentriert sich ein Teil der Sammelbienen auch ganz auf das Einbringen dieser Kraftnahrung. So sieht man Bienen, wie sie im Blütenstaub der Salweidenblüten richtiggehend baden. Die klebrigen Pollen bürsten sie sich dann, während sie nach Hause fliegen, mit ihren Beinen von den Körperhärchen und sammeln sie als kleine Kugeln, den »Pollenhöschen«, in speziellen Taschen an den Hinterbeinen. So behost kommen sie dann im Stock an (vgl. Bild 13 und 14).

Imker können vor allem im Frühjahr, wenn die Bienen ihn in Fülle einbringen, Pollen ernten. Dazu wird vor dem Flugloch ein Lochgitter mit einem Auffangbehälter angebracht. Wenn die zurückkehrenden Pollensammlerinnen sich durch die Löcher zwängen, um zu den Schwestern in den Stock zu gelangen, fallen die Pollenkugeln von den Beinen ab und in den Sammelbehälter hinein. Die bunten Kugeln müssen dann noch schonend getrocknet werden und sind gebrauchsfertig.

In der Apitherapie und auch bei manchen Sportlern gelten Pollen als außerordentlich wirksames Nahrungsergänzungsmittel. Reich an Eiweißen, Spurenelementen und Vitaminen sollen sie Kondition und Verdauung, Stimmung und Immunsystem positiv beeinflussen. Allerdings: Auch Pollen kann allergische Reaktionen auslösen und – er ist nicht leicht zu verdauen. Denn die kleinen Pollenkörnchen sind von einer harten Schutzschicht umgeben, die es dem Körper schwer macht, an die Inhaltsstoffe zu gelangen.

Besser ist es, wenn diese Schutzschicht schon etwas aufgebrochen ist. Bienen bekommen das hin, indem sie den Pollen mit Enzymen aus ihrem Speichel und Drüsensekreten sowie durch die Beigabe von Honig aufschließen. Den Teil des Pollens, den sie nicht unmittelbar verfüttern, lagern sie zudem in Zellen ein, wo der Blütenstaub – mit Honig, Enzymen und Sekreten gemischt – aufbewahrt wird. So gelagerter Pollen wird »Bienenbrot« oder auch »Perga« genannt, das angeblich in der Lagerung einen Fermentierungsprozess durchlaufen hat und sich darum von frischem Pollen unterscheidet. Neuere Studien deuten allerdings darauf hin, dass dies wohl nicht der Fall ist (Münstedt, Bienenprodukte, 117), und interessanterweise ziehen Bienen, wenn sie die Wahl haben, frischen Pollen dem eingelagerten vor.

Auch dieses Bienenbrot kann, wenn ein Volk einen Überschuss daran hat, vom Imker geerntet werden. Allerdings ist es nicht einfach, Perga aus den Waben zu bekommen. Leichter ist es, Pollen in flüssigen Honig sorgfältig einzurühren und die entstehende Masse vierzehn Tage lang dunkel und kühl zu lagern. Dann hat man eine Pollenpaste, die dem Bienenbrot ähnlich ist und den Pollen für die menschliche Verdauung leichter zugänglich macht.

Leicht verdaulich und nach dem Verzehr für den menschlichen Körper schnell verwertbar ist schließlich das Produkt, das der Honigfabrik ihren Namen gab. Um diese Substanz, die Nahrung der Götter, soll es nun gehen.

3. Crème de la Crème – der Honig

Es ist schon erstaunlich, was für ein Bohei manche Menschen um ihren Wein machen. Da wird dekantiert, degustiert und dann diskutiert: über Jahrgang und Lage,

Traube und Tannin, über Volumen, Aromen und schließlich über den Abgang. Immer geht es um die Individualität und die Einzigartigkeit des guten Tropfens, um das Besondere.

Beim Honig, dem wichtigsten Produkt aus der Bienenfabrik, ist das ganz anders – könnte man meinen. Denn wer im Supermarkt seinen Rapshonig kauft, der wird in der Regel keine Überraschungen erleben. Er schimmert immer gleichmäßig hell und schmeckt immer gleichmäßig süß. Und der Waldhonig aus dem Regal des Discounters hält auch keine Offenbarungen bereit: dunkel, leicht herb und immer flüssig kommt er daher.

Spannend wird es erst, wenn man – vielleicht im Norden Deutschlands – direkt in einer Imkerei einen Honig erwirbt, den die Bienen in den Blüten des Buchweizens gesammelt haben. Er ist selten, wird oft nur in kleinen Gläsern abgefüllt und schmeckt – nun ja: gewöhnungsbedürftig. Dunkel wie Zuckerrübensirup hat er ein strenges Aroma und einen herb-bitteren Geschmack, fast wie Lakritz. Das ist kein Honig »für aufs Brot«, sondern ein Liebhaberhonig für Menschen, die das Besondere suchen und in kleinen Portionen genießen. Das Besondere, beim Honig?

Blütensaft und Läusepipi – Rohstoffe und wie Bienen an sie herankommen

Ja, genauso ist es: Was für Weine gilt, gilt nicht minder für Honige. Auch wenn ein Volk über mehrere Jahre am selben Standort und in demselben Umfeld sammelt, so werden Konsistenz, Farbe und Geschmack des Honigs in jedem Jahr anders sein. Und selbst Völker, die nur zwei Kilometer voneinander entfernt stehen, haben bei einer strukturierten, abwechslungsreichen Vegetation, wie es sie z.B. an Stadträndern und in Wohngebieten häufig gibt, niemals einen identischen Honig. Bei einem Volk kann er hell, süß und ganz mild im Aroma sein, zwei Kilometer weiter hat ein anderes Volk einen dunklen, leicht herben und würzig duftenden Nektar eingetragen. Wie kommt das?

Es sind zwei Faktoren, die zu den Unterschieden im Honig führen: Zum einen bestimmt die Art und Weise, wie Bienen Nektar sammeln, Aussehen und Geschmack des daraus entstehenden Endprodukts. Zum anderen und damit zusammenhängend sind es die Rohstoffe, die über den Geschmack, die Farbe und die Konsistenz des Honigs entscheiden (vgl. Bild 15).

Was die Rohstoffe angeht, so ist bekannt, dass die Bienen Nektar sammeln, um daraus Honig zu machen. Nektar, das ist die wässrige, zuckerhaltige und duftende Substanz, die Pflanzen mit Hilfe von Drüsen in ihren Blüten produzieren, um Insekten anzulocken. Diese lieben den energiereichen Saft als Nahrung, nehmen ihn in der Blüte auf und tragen zum Dank den Pollen zur nächsten Blüte, die so bestäubt wird und Frucht tragen kann. Das Drüsensekret von Blüten ist allerdings nur ein Rohstoff, aus dem Bienen Honig machen. Eine Ausscheidung ganz anderer Art ist für sie jedoch mindestens ebenso interessant.

Auf zahlreichen Pflanzen gibt es nämlich saugende Insekten wie Blatt- oder Schildläuse. Können sie Blumenliebhaber und Gärtner zur Verzweiflung bringen: Die Bienen lieben sie. Denn die kleinen Krabbler haben ein Problem: Sie ernähren sich nicht von dem Zuckersaft, den Pflanzen in ihren Blütenkelchen produzieren, sondern zapfen mit Stechrüsseln die Leitungskanäle in den Blättern, in denen der Stoffwechsel einer Pflanze stattfindet, direkt an. So gelangen sie an den zuckerhaltigen Pflanzensaft. Die saugenden Gesellen brauchen jedoch nicht nur den Zucker zum Leben, sondern auch ausreichend Wasser, vor allem aber Spurenelemente und Eiweiß. Von beidem ist allerdings nicht sehr viel im Pflanzensaft enthalten. Die Läuse nehmen darum viel Saft auf und damit viel mehr Zucker, als sie verbrauchen können. Das meiste davon läuft einfach durch sie hindurch und wird tröpfchenweise wieder ausgeschieden. In Jahren, in denen es ein Massenaufkommen von Läusen gibt, bildet sich so nach und nach auf den Blättern vor allem mancher Baumarten eine klebrige Schicht aus, nun ja: Läusepipi. Gibt es so viel davon, dass ein Anflug sich lohnt, dann sammeln die Bienen diese Ausscheidungen ein, indem sie sie von den Blättern ablecken. Was daraus entsteht, nennen Imker – im Unterschied zu einem Blütenhonig – einen »Blatthonig«.

Tanzen und arbeiten – Wie Bienen Nektar holen

Wann aber finden Bienen, dass eine Tracht der Sammelmühe wert ist? Um diese Frage zu beantworten, müssen wir etwas genauer anschauen, wie in einer Honigfabrik die Rohstoffe für den Honig eigentlich herangeschafft werden, wie Bienen also Nektar sammeln. Man könnte ja meinen, dass dies so Biene-Maya-mäßig wie im Kinderfernsehen gezeigt vonstatten geht: Morgens verlässt die Sammlerin mit ihrem Eimerchen den Stock, tändelt summend von Blüte zu Blüte und kehrt am Abend nach zahlreichen durchlebten Abenteuern mit gefülltem Eimerchen in den Stock zurück, wo die Königin die kostbare Fracht milde lächelnd entgegennimmt. Nun hörten wir schon, dass die Königin nichts außer ihrem Futter entgegennimmt, und eine Sammlerin hat natürlich auch kein Eimerchen. Sie hat eine Honigblase zum Transport ihres Sammelgutes. Hierhinein saugt sie den Nektar. Allerdings wird sie am Morgen nicht so ohne weiteres den

Stock verlassen. Stattdessen hängt sie erst einmal herum, macht vielleicht noch ein Nickerchen und wartet – auf Informationen. Sie wird nicht suchend herumfliegen, wie das z.B. die Hummeln machen und es dem Zufall überlassen, ob sie Nektar finden oder nicht. Nektarquellen aufzuspüren, das ist ja bekanntlich die Aufgabe der Spurbienen. Haben diese eine entdeckt, dann markieren sie sie mit einem Duft, nehmen von dem Nektar eine Probe und fliegen zurück zum Stock. Dort werden die Flugbienen ins Bild gesetzt: Diese nehmen den Duft der gefundenen Blüte wahr, den die Spurbiene an ihrem Körper trägt. Sie schmecken den Nektar, den die Sucherin mitgebracht hat. Vor allem aber: Sie folgen ihrem Ausdruckstanz. Etwas idealisiert betrachtet, sieht dieser folgendermaßen aus: Die Spurbiene läuft auf der Wabe immer wieder so, dass ihr Weg einen Kreis beschreibt, wobei sie aber, nachdem sie einen Halbkreis gelaufen ist, scharf abbiegt, durch die Mitte des Kreises läuft (oder sich fast stehend vorwärtsschiebt, siehe S. 34f. und 80f.) und dann den anderen Halbkreis in die Gegenrichtung marschiert. Die Tanzfigur sieht aus, als würden die Bienen den Linien einer ganz stark gestauchten Zahl 8 folgen (siehe Abb. 8). Diese Acht liegt dabei in einem bestimmten Winkel zur Senkrechten des Stockes. Immer dann, wenn die Spurbiene den Innenkreis der Acht abgeht, wackelt sie mit dem Hinterleib. Dabei brummt sie stoßweise, sodass sich folgender Rhythmus ergibt: linksbrumm – popowackeln – rechtsbrumm – popowackeln – linksbrumm ... Die Frequenz der »brumm«-Phasen liegt um die 250 Hertz und somit im optimalen Signal-Leitungsbereich der Bienenwaben. Die sammelnden Schwestern im Stock können das alles natürlich nicht sehen, es ist ja zappenduster. Aber sie spüren die Vibrationen, die die Spurbiene auf der Wabe auslöst, kommen in ihre Nähe und folgen ihren Bewegungen. Aus dem Winkel, den die Tanzfigur der Sammelbiene zur Senkrechten des Stockes hat, lesen sie in etwa die Richtung ab, in die sie fliegen müssen. Denn der Winkel, der tatsächlich nur ungefähr angezeigt wird, gibt in etwa die Flugrichtung am Flugloch in Bezug zum Sonnenstand an. Die Zeitdauer der Wackelphase sagt den Nachtänzerinnen, wie weit weg in etwa die Futterquelle ist. Kurzes Wackeln heißt: »Gleich vor der Haustür, Mädels!«, länger andauerndes Wackeln: »Müsst schon etwas fliegen, lohnt sich aber!« und ein noch ein klein wenig längeres Wackeln: »Ist ziemlich weit weg. Lohnt sich noch so gerade eben.« Und auch die Güte der Entdeckung wird angezeigt. Geht die Biene langsam den Halbbogen zum Startpunkt des Wackelns zurück, heißt das: »Probiert's halt. Die Nektarqualität ist so lala.« Saust sie aber schnell durch die Rücklaufbögen, ist die Botschaft: »Super Quelle entdeckt!«

Die Nachtänzerinnen, die sich überzeugen lassen, folgen den so erhaltenen Informationen und machen sich auf die Suche. Ist die Trachtquelle gefunden, dann nehmen auch diese Sammlerinnen Nektar auf, fliegen zum Stock zurück und: tanzen. Auf diese Weise wird aus einer einzelnen Information eine Art Trend: Immer mehr Sammelbienen im Stock bekommen von immer mehr Sammelbienen, die schon an der Trachtquelle waren, Informationen über die Art des Nektars sowie über die ungefähre Lage der Quelle. Nach und nach entsteht zwischen Trachtquelle und Bienenstock so etwas wie ein Luftverkehrsweg. Diesem folgen nun auch Bienen, die von den Tänzen gar nichts mitbekommen haben und sich einfach dem regen Flugverkehr anschließen (vgl. dazu in diesem Buch auch Kapitel 2, sowie Wenner u. Wells 1990).

Machen wir uns nun klar, dass nicht nur eine Spurbiene eine Trachtquelle findet, sondern dass an einem guten Flugtag mit warmem Wetter zahlreiche Spurbienen gleich mehrere Trachtquellen auftun, so kann man sich vorstellen, wie die Tanzplätze auf den Waben im Stock zur Partyzone werden. An verschiedenen Stellen wird jetzt für die Orte, an denen etwas zu holen ist, geworben. Nachtänzerinnen folgen den Vortänzerinnen, treffen sie an den Trachtquellen oder sogar schon auf dem Weg dorthin, kommen zurück, berichten von ihren Erfolgen. Andere lassen sich davon überzeugen und folgen ebenfalls. Nach und nach fliegen sich die Flugbienen auf verschiedene Trachtquellen in der Umgebung ein, wobei die überzeugendsten Quellen die meisten Sammelbienen anziehen. Und überzeugend sind die Orte, die so nah bzw. so nektarreich sind, dass eine Sammelbiene deutlich mehr Nektar in den Stock tragen kann, als sie für Hin- und Rückflug verbraucht.

Diese Form der Informationskonzentration in einem Bienenvolk im Hinblick auf lohnende Trachtquellen hat zwei wichtige Folgen: Erstens arbeiten Bienen dadurch unglaublich effektiv. Aufwand und Ergebnis werden in einer beeindruckenden Weise optimiert. Es kann durchaus sein, dass an einem Frühsommermorgen noch am späten Vormittag bei bestem Flugwetter nur wenig Aktivität an den Fluglöchern eines Bienenstandes zu beobachten ist. Es »honigt« nicht, sagen die Imker dann, d.h. die Witterungsbedingungen sind zum Fliegen optimal, aber offenbar gibt es nirgendwo ein passendes Nektarangebot. Die Bienen bleiben drinnen, sie verschwenden keine Energie mit sinnloser Sucherei. Dann, nur eine Stunde später, hört man das Brausen am Bienenstand schon von Weitem und an den Fluglöchern ist die Hölle los. Vielleicht ist die Temperatur jetzt noch um ein oder zwei Grad gestiegen. Vielleicht haben es die Linden inzwischen geschafft, Nektar in die Blüten zu bringen. Jetzt gibt es für die Bienen kein Halten mehr! Ein starkes Volk kann nun in nur wenigen Stunden durchaus mehrere Kilogramm Nektar eintragen.

Indem Bienen die Arbeitskraft eines Stockes genau dann einsetzen, wenn es sich am meisten lohnt, optimieren sie das Verhältnis von Aufwand und Ergebnis ihres Tuns. Ein wesentlicher Bestandteil dieser Effektivität ist dabei der Umstand, dass durch gegenseitige Information die Sammelarbeit auf die Nektarquellen konzentriert wird, die am meisten Nektar produzieren. Auf diese Weise sind Bienen, wie es im Imkerjargon heißt, »blütenstetig«. Wenn die Apfelplantage dreihundert Meter in südwestlicher Richtung vom Stock am Montag zu blühen anfängt und die Bienen sich auf diese Quelle eingeflogen haben, dann werden die Bienen, die montags hier waren, auch am Dienstag hierhin fliegen, um zu schauen, ob noch was zu holen ist. Jetzt bedarf es auch keiner neuen Information mehr. Die auf die Plantage eingeflogenen Bienen können sich die Quelle merken. Und selbst wenn sie durch schlechtes Wetter am Ausfliegen gehindert werden: Noch nach einer Woche Zwangspause wissen sie, wo es Tage zuvor eine lohnende Nektarquelle gab. Erst wenn diese versiegt und die Bäume die Blüte beenden, brauchen die Sammlerinnen neue Informationen.

Munkeln im Dunkeln – Wie Bienen sich zum Tanzen finden

Die hochkomplexe Verhaltenskette zur Rekrutierung von Sammelbienen durch Tänzerinnen beginnt im dunklen Stock. Hier müssen die Spurbienen und die Sammelbienen, die schon an der Trachtquelle waren, Nachtänzerinnen auf sich aufmerksam machen. Nur dann können sie die mitgebrachten Informationen weitergeben. Aber wie erregt man Aufmerksamkeit in der Dunkelheit der Honighöhle? Es zeigt sich, dass dem Haustelefon im Bienenstock, dem »Festnetz«, von dem wir schon im ersten Kapitel gehört haben, entscheidende Bedeutung zukommt.

Jede Bewegung eines Tieres ist mit der Erzeugung physikalischer Kräfte und Felder verbunden, die in seinem Umfeld messbar sind. Bei einer tanzenden Honigbiene gehören dazu Luftströmungen und Luftschwingungen, ausgelöst vor allem durch das Flügelschwirren in bestimmten Phasen der Schwänzelbewegung. Das Schwänzeln und das Flügelschwirren übertragen sich auch als Vibrationen auf die Wabe. Zudem haben Tänzerinnen meist eine höhere Körpertemperatur als andere Bienen in ihrer Umgebung. Und wie bei allen mit Hilfe von Muskeln erzeugten Bewegungen überall im Tierreich treten elektrische Felder auf. Hinzu kommt, dass Tänzerinnen einen besonderen Duftstoff verströmen (Thom et al. 2007).

Dass sich physikalisch-chemische Phänomene messen lassen, heißt nun aber noch nicht, dass sie für das Verhalten von Tieren auch bedeutungsvoll sind. Ob und wie diese Phänomene wirken, darüber kann nur die Beobachtung des Verhaltens der Tiere Auskunft geben.

Moderne Technik hilft entscheidend, hier bessere Einblicke zu erhalten. Ein wichtiges Instrument ist dabei die Zeitlupen-Videoaufzeichnung, die auch in der Dunkelheit eines Bienenstocks möglich ist. Zeichnet man Schwänzeltanz-Szenen auf, lässt sich das »Mikroverhalten« von Tänzerin und Nachtänzerinnen bis in alle Details hinein analysieren. Zudem kann man den Tanz und damit die Zeit rückwärts ablaufen lassen. So lässt sich erkennen, aus welchen Richtungen und Entfernungen Nachtänzerinnen angelockt worden sind und welches Verhalten sie als Erstes zeigen, wenn sie eine Tänzerin wahrnehmen. Der

Ablauf ist dabei etwa der folgende: Bevor eine Biene sich über die Wabe in Richtung Tänzerin zu bewegen beginnt, dreht sie ihren Kopf in Richtung der Tänzerin. Sie hat also – sei es durch Vibrations-, Duft- oder ein anderes der beschriebenen Signale – erkannt, dass eine Schwester mit interessanten Informationen anwesend ist. Im Anschluss an die Kopfdrehung beginnt die Biene nun auf die Tänzerin zuzugehen. Hat sie sie erreicht, kommt es zum Körperkontakt. Mit ihren Fühlern nimmt sie die Tanzende wahr und tanzt den Reigen mit.

Es kann aber auch vorkommen, dass Sammelbienen perfektes Nachtanzverhalten zeigen, auch wenn sie auf der Gegenseite einer Wabengasse sitzen, der Tänzerin also den Rücken zukehren (siehe Abb. 1, Seite 35). Diese Nachtänzerinnen werden aber, anders als die Bienen, die auf der gleichen Wabe wie die Tänzerin sitzen, nicht aus der Distanz angelockt. Sie zeigen keine Kopfhinwendung und bewegen sich auch nicht aktiv auf die Tänzerin zu. Die Bienen, die sich der Tänzerin Rücken an Rücken anschließen, tanzen erst dann mit, wenn sie die Tänzerin zufällig mit ihren Antennen berührt und sie ihr Verhalten so entdeckt haben (Tautz u. Rohrseitz 1998). Erklärbar wird dieser Unterschied im Verhalten, wenn wir uns vor Augen halten, dass die Bienen, die mit dem Rücken zur Tänzerin sitzen, auf einer anderen Wabe unterwegs sind. Sie erhalten darum keine Hinweise durch die Vibration der Wabe, bei ihnen ruft sozusagen niemand an.

Wie Imker bestimmen, was ins Glas kommt – Sortenhonige

Die Konzentration in der Sammelarbeit und die Blütenstetigkeit der Bienen führen dazu, dass Bienenvölker an unterschiedlichen Standorten ganz unterschiedliche Honige produzieren, den Honig nämlich, der entsteht, wenn ein Mix aus dem besten Nektarangebot der Umgebung zusammengetragen wird. In einem Jahr konnten die Bienen vielleicht eine reiche Nektartracht aus der Löwenzahnblüte einbringen. Der Honig war gelb und sehr aromatisch. Im nächsten Jahr aber regnet es während der Löwenzahnblüte, dafür honigt vielleicht die Kastanie besonders gut: Die Honigernte wird jetzt dunkler und bekommt, gemischt mit dem Nektar aus Obstbäumen, die etwas früher als die Kastanien blühen, einen leicht würzigen Geschmack.

Imker machen sich die Blütenstetigkeit der Bienen zu Nutze, indem sie mit den Bienenvölkern wandern. Auf diese Weise können sie Sortenhonige ernten. Das heißt: Sie stellen die Bienenvölker nicht nur an einem Ort auf, wo sie während der ganzen Blühperiode verbleiben und den Nektar sammeln, der gerade so da ist, sondern gelegentlich werden die Bienenvölker an andere Orte gebracht, wo gute Nektarquellen bestimmter Nektarsorten zu erwarten sind. So könnte die Wanderung eines Bienenvolkes beispielsweise im April beginnen: Das Volk wird an ein Rapsfeld gestellt. Weil Raps stark blüht und gut honigt, sammeln die Bienen diesen Nektar. Der Imker kann Rapshonig ernten. Ist der Raps verblüht, können die Bienen in die Robinie gebracht werden, die etwa Ende Mai in voller Blütenpracht steht. Danach kommt Mitte Juni bis Mitte Juli die Linde und danach könnte man im August entweder die dann blühende Heide anwandern oder die Bienen in den Wald stellen, wo vielleicht noch die Bäume honigen. Wenn es gut läuft, kann hier noch eine Tracht Blatthonig geerntet werden.

Allerdings: Eine solche Trachtfolge ist nicht nur für den Imker eine Herausforderung, bedeuten Transport und die Pflege der Völker an weit entfernten und auseinanderliegenden Standorten doch regelmäßige

16-Stunden Tage. Auch den Bienen geht es mit einer zu häufigen Veränderung der Standorte nicht wirklich gut. Mehrmals umgesetzt zu werden bedeutet für die Völker einen enormen Stress, weil ja das ganze Haus oft über längere Zeit hinweg bewegt wird. Man stelle sich einfach vor, die eigene Wohnung wäre mehrere Stunden lang einem leichten Erdbeben ausgesetzt. Es geht nichts kaputt, aber diese dauernden Erschütterungen gehen ungeheuer an die Nerven. Hinzu kommt das Einfliegen am neuen Standort. Bienen können sich die Struktur der Umgebung ihres Stockes sehr gut merken. Wenn sie nun am Abend im Stock sind, dieser in der Nacht umgesetzt wird – denn gewandert wird, wenn es dunkel ist und alle Bienen darum zu Hause sind – und die Flugbienen am nächsten Morgen vor die Tür kommen, dann finden sie sich in einer komplett fremden Umgebung wieder. Nicht erfreulich und mit Mühe verbunden, denn es dauert ein paar Tage, bis alle Sammlerinnen über die neue Umgebung wieder im Bilde sind. Das größte Problem der Wanderimkerei ist aber: die einseitige Ernährung. Wenn Gebiete mit Massentrachten wie Raps oder Heide angewandert werden, dann ist in diesen Gegenden nicht nur das Nektar-, sondern oft auch das Pollenangebot nicht besonders vielfältig. Blütenpollen enthalten aber nicht nur das für die Bienen so wichtige Eiweiß, sondern auch wichtige Vitamine und Spurenelemente. Soll ein Bienenvolk vital bleiben, dann braucht es eine vielfältige, abwechslungsreiche Mischung von Pollen, denn keiner ist wie der andere und am Ende macht's die Mischung.

Darum werden die wenigsten Imker ihren Völkern die oben beschriebene Trachtfolge tatsächlich zumuten. Viele wandern nur in die Rapsblüte und haben die Bienen ansonsten an einem festen Standort mit einem gesunden Blütenmix stehen. Oder es werden einige Völker in den Raps gebracht, andere in die Linde und wieder andere in den Wald. Auf diese Weise können Imker Sortenhonige ernten, ohne ihre Völker allzu stark zu belasten.

Mit Geduld und Spucke – Wie aus Nektar Honig wird

Wie aber wird nun aus dieser wässrigen Zuckerlösung, aus dem Nektar, Honig? Man könnte meinen: Ist doch ganz einfach. Der Nektar ist süß und aromatisch, aber zu flüssig. Also reduzieren die Bienen den Wassergehalt und fertig ist der Honig. Honig wäre also eingedickter Nektar.

Ganz falsch ist diese Auffassung nicht. Tatsächlich ist eine wesentliche Aufgabe der Honigmacherinnen im Stock, den Wassergehalt des Nektars zu verringern. Und schon die Sammelbienen fangen damit an. Wenn sie ihre Honigblase gefüllt haben und auf dem Weg zurück zum Stock sind, dann bringen sie manchmal einen Tropfen des frischen Nektars wieder hervor und tragen ihn zwischen ihren Mundwerkzeugen im Flugwind. Auf diese Weise wird schon etwas Wasser entzogen, noch bevor die Fracht bei den Honigabnehmerinnen im Stock ankommt. Dort geht es dann in ähnlicher Weise weiter. Immer wieder wird der Nektar aus Zellen von den Honigbereiterinnen aufgesogen, wieder hervorgebracht, schnell wieder aufgesogen und dann in neuen Zellen in dünnen Schichten so abgesetzt, dass er möglichst viel Verdunstungsfläche hat. Dabei wird der Blütensaft nicht nur immer dicker, er wandert auch aus den unteren Regionen der Honigfabrik immer weiter nach oben. Denn die Bienen lagern den Honig am liebsten über ihrem Brutnest. Fertiger, im Imkerjargon gesprochen »reifer« Honig hat dann idealerweise einen Wassergehalt von unter 18 %. Hat der Honig diese Reife erlangt, dann verschließen die Bienen die Zelle, in der er lagert, mit einem luftundurchlässigen Wachsdeckel. Eine volle Wabe reifen Honigs ist darum immer vollständig »verdeckelt«, wie Imker sagen.

Reifer Honig ist aber weit mehr als eingedickter Nektar. Denn zu der Geduld, mit der die Bienen diesen immer weiter bearbeiten, kommt: ihre Spucke. Schon die Sammelbiene fügt dem Nektar über ihren Speichel Enzyme hinzu. Das sind biochemische Stoffe, die Wandlungsprozesse im Nektar in Gang setzen. Dadurch werden einerseits die im Nektar enthaltenen Zuckersorten verändert. Insbesondere wird Rohrzucker in Trauben- und Fruchtzucker gespalten. Außerdem bringen die Bienen Säuren, Eiweiße und weitere Enzyme aus ihrem Körper in den Honig. Dadurch entstehen Inhibine, Stoffe, die das Wachstum von Hefen und Pilzen verhindern. Reifer Honig ist darum im Vergleich zum Nektar nicht nur trockener, er ist auch außerordentlich lange haltbar. Denn aufgrund seines geringen Wassergehaltes, seiner hohen Zuckerkonzentration und der vorhandenen Inhibine kann Honig nicht in Gärung geraten oder verschimmeln. Trocken, lichtgeschützt und kühl gelagert kann Honig praktisch nicht verderben. Tatsächlich erzählt man sich in Imkerkreisen gerne die Geschichte von den süßen Grabbeigaben, die den toten Pharaonen Ägyptens an ihre Sarkophage gestellt wurden und die von den Archäologen, die sie wieder an das Tageslicht holten, angeblich noch genossen werden konnten.

Bienen unter Dampf – der Wassergehalt der Stockluft
Bienen trocknen den Nektar, während sie ihn in Honig umwandeln. Dabei entziehen sie dem Honigrohstoff Feuchtigkeit, indem sie es so machen wie wir Menschen, wenn wir gewaschene Wäsche zum Trocknen aufhängen: Die Luft muss

die Feuchtigkeit aufnehmen. Das kann sie aber nur, wenn sie selbst nicht zu feucht ist. Wie ist es also um den Feuchtigkeitsgehalt in der Stockluft des Bienenvolks bestellt?

Der wichtigste Parameter, von dem die Luftfeuchte in einem Raum abhängt, ist die Temperatur im Raum. Die Luftfeuchte ist der Anteil, den Wasserdampf an einer bestimmten Menge des Gasgemisches der Luft hat. Je wärmer die Luft ist, desto mehr Wasserdampf kann sie aufnehmen. Bei einer Temperatur von 16 Grad Celsius nimmt jeder Kubikmeter Luft etwa sechs Gramm Wasser auf, bei einer Temperatur von 35 Grad Celsius, also der Temperatur, die Bienen auf den Brutwaben halten, können es schon 40 Gramm Wasser sein (Heuvel 2013 a,b).

Eine Quelle für Wasserdampf innerhalb des Bienennestes ist einerseits der Wassergehalt des Nektars. Er beträgt in der Regel um die 60 % des Nektargewichts. Außerdem erzeugt der Stoffwechsel der Bienen und ihrer Brut Wasserdampf. Zur Bildung von Honig mit einem Wassergehalt von unter 20 % heizen die Bienen die nektargefüllten noch unverdeckelten Zellen kräftig. Die dadurch entstehende warme Luft kann die Feuchtigkeit aus dem Nektar aufnehmen. Dies aber treibt die Luftfeuchte im Stock deutlich in die Höhe.

Daraus ergibt sich für die Bienen ein Problem: Würde die Stockluft »gesättigt«, würde sie irgendwann also so feucht sein, dass sie keine weitere Feuchtigkeit mehr aufnehmen kann, dann käme der Prozess der Honigbildung zum Stillstand. Schlimmer noch: Honig ist stark »hygroskopisch«, d.h. wasseranziehend. Er würde wieder feuchter werden. Bleibt er dauerhaft zu feucht, dann besteht die Gefahr, dass Pilze und Hefen sich im Honig vermehren. Er kommt dann in Gärung.

Die einzige Möglichkeit, dieser Gefahr zu begegnen, besteht darin, die feuchte Innenluft gegen eine nicht so feuchte Außenluft auszutauschen. Tatsächlich kann man Bienen im Sommer häufig dabei beobachten, wie sie vor dem Flugloch sitzen und mit dem Kopf zum Eingang der Honigfabrik und erhobenem Hinterleib mit den Flügeln schwirren. Auf diese Weise schaffen sie kühlere und darum trockenere Außenluft in das Innere des Stockes. Was aber löst dieses Ventilationsverhalten während der Honigbildung aus? Ist es das Ansteigen der relativen Luftfeuchte? Oder wird immer geheizt und ventiliert, wenn dem Nektar Wasser entzogen werden soll?

In einem großen, komplex gebauten und voll besetzten Bienennest ist es schwierig, ein Experiment so aufzubauen, dass es gelingt, die Luftfeuchte in allen Wabengassen aktiv zu regulieren und nach dem Willen des Forschers einzustellen. Sehr viel leichter ist dagegen ein Hummelnest manipulierbar.

Solch ein Nest lässt sich in einem kleinen abgeschlossenen Behältnis von der Größe eines halben Schuhkartons unterbringen. Richtet man dabei nur einen einzigen recht engen und kurzen Zugangstunnel ein, ermöglicht man Hummeln, die sich in diesem Tunnel aufhalten, durch Flügelschwirren einen Luftaustausch zu erreichen. Das nutzen die Hummeln auch, wenn man im Nest die Temperatur künstlich erhöht. Erstaunlicherweise reagieren sie aber nicht mit einem Austausch der Luft, wenn man, ohne die Lufttemperatur zu verändern, die relative Luftfeuchte erhöht (Weidenmüller et al. 2002). Bienen und Hummeln sind durchaus in der Lage, die Feuchte der Luft zu bestimmen. Dafür besitzen sie spezielle Sinneszellen auf ihren Fühlern. Ganz offenbar ist es in ihrem natürlichen Verhalten aber nicht vorgesehen, die Luftfeuchte direkt zu regulieren. Warum das so ist, lässt sich aus der Evolution der Bienen gut erklären.

Die Natur geht ökonomisch vor. Wenn Honigbienen selbst auf einen massiven Anstieg der Luftfeuchte in ihrem Nest nicht mit Gegenmaßnahmen reagieren, heißt das entweder, dass sie den Anstieg nicht mitbekommen. Das können wir ausschließen, da die Bienen auf den Fühlern entsprechende Sinnesorgane besitzen. Oder aber, diese Lage kommt unter natürlichen Bedingungen nur so selten vor, dass es keinen Selektionsdruck gab, hier im Laufe der Evolution ein passendes Verhalten zu entwickeln. Und tatsächlich führen Beobachtungen und Messungen in Baumhöhlen, in denen Bienen ihre Waben bewohnen, auf eine interessante Spur (vgl. Bild 16). In diesen Behausungen findet man zu keiner Zeit Kondenswasser, das sich nur bei wasserdampfgesättigter Luft bildet. Die relative Luftfeuchte in bienenbewohnten Baumhöhlen in der Umgebung der Waben erreicht nie den Taupunkt, ab dem sich flüssiges Wasser niederschlägt. Sie ist sogar weitgehend gegenläufig zur Feuchte, die man außerhalb des Baumes messen kann: tagsüber außen niedrig und im Baum hoch, nachts ist es umgekehrt. Bildet sich in Baumhöhlen, in denen ein gesundes Bienenvolk lebt, nie Kondenswasser, fehlt jeglicher Selektionsdruck, der im Laufe der Evolution ein Luftfeuchteregulationsverhalten der Bienen ausgelöst haben könnte. Wenn wir also fächelnde Bienen vor Fluglöchern beobachten, dann zeigen diese dieses Verhalten, weil sie die Stockluft kühlen wollen, nicht aber, weil es ihnen darum geht, die relative Luftfeuchtigkeit zu senken.

Der Bienen Werk und Imkers Beitrag

Haben die Bienen den Honig trocknen können und sind die Honigwaben verdeckelt, dann wissen Imkerin und Imker, dass nun geerntet werden kann. Dies geht nach der Einführung der beweglichen Rähmchen und der Magazinbeute – der Honigfabrik also – sehr bienenschonend vonstatten.

Wir haben gehört, dass die Bienen reifen Honig gerne oberhalb des Brutnestes lagern. Imker machen sich diese Neigung zu Nutze, indem sie die Honigfabrik in zwei Bereiche trennen: in den Brutbereich, »Brutraum« genannt, und in den Honigbereich, »Honigraum« genannt. Beide Bereiche bestehen, je nach verwendetem Rähmchenmaß, nach Größe des Bienenvolkes und Trachtangebot, aus einer oder zwei Zargen. Getrennt werden diese beiden Räume durch das »Absperrgitter« (vgl. Bild 17). Das ist, wie der Name schon sagt, ein stabiles Drahtgitter, das oben auf den Brutraum gelegt und auf das der Honigraum dann aufgestellt wird. Der Trick ist: Die Abstände zwischen den einzelnen Gitterstäben sind so bemessen, dass nur die Arbeiterinnen hindurchschlüpfen können. Die Drohnen sind insgesamt zu kräftig gebaut, um sich durch die Stäbe zu quetschen, und auch die Königin hat, wenn sie in Eiablage ist, einen zu dicken Hinterleib.

Wenn nun das Nektarangebot groß ist und es in der Honigfabrik so viele Flugbienen gibt, dass diese mehr Nektar sammeln können, als für die Ernährung der Brut gebraucht wird, dann bringen die Honigbereiterinnen den reifen Honig über die Brut in den Honigraum. Dort ist aber, weil die Königin hierher ja nicht geführt werden kann, um Eier zu legen, nur Honig eingelagert, nichts anderes. Ein starkes Bienenvolk kann bei gutem Nektarangebot und passendem Wetter einen Honigraum innerhalb weniger Tage füllen. Reif ist ein Honig dann etwa vier bis sechs Wochen nach Trachtbeginn. Fangen beispielsweise Mitte April Löwenzahn und Obstbäume mit der Blüte an, dann kann der Imker Ende Mai oder Anfang Juni den Frühjahrshonig ernten.

Damit dies möglichst bienenschonend geschehen kann, kommt wieder ein Trick zum Einsatz: Der Imker nimmt den Honigraum mit allen Bienen, die darin sind, ab, entfernt das Absperrgitter und legt stattdessen eine sogenannte »Bienenflucht« ein, auf die der Honigraum dann wieder oben aufgestellt wird. Eine Bienenflucht ist ein Brett, in dem es nur wenige Durchgänge gibt, die gerade so groß sind, dass eine Biene Platz hat, hindurch zu schlüpfen. Jetzt passiert Folgendes: Weil durch das Brett die Luftzirkulation in der Honigfabrik behindert wird, sinkt im Honigraum nach und nach die Konzentration des Pheromons, mit dem die Königin das Volk zusammenhält. Die Honigbereiterinnen im Honigraum irritiert das. Ist die Königin gestorben? Ist das Volk in Gefahr? Sie suchen nach der Nähe der Majestät und folgen der Duftspur, die durch die Löcher in der Bienenflucht dringt. Eine Biene nach der anderen verlässt den Honigraum durch die schmalen Gänge und begibt sich in den Brutraum. Nach 24 Stunden ist der Honigraum nahezu bienenfrei. Der Imker nimmt ihn jetzt ab, zieht die Honigwaben und fegt die wenigen verbliebenen Bienen vor das Volk. Von dort finden die Bienen leicht durch den Haupteingang der Honigfabrik zurück zu ihren Schwestern. Den bienenfreien Honigraum tragen Imker oder Imkerin dann nach Hause in den Schleuderraum.

Es geht rund – Honigschleudern

Hier werden die Waben »entdeckelt«, d.h. die Wachsdeckel, mit denen die Bienen die Zellen der Honigwabe verschlossen haben, werden mit einem Spezialwerkzeug, der »Entdeckelungsgabel«, oder mit einem langen Messer vorsichtig abgeschabt. So entsteht das »Entdeckelungswachs«, von dem oben die Rede war. Dann werden die offenen Waben in eine Honigschleuder gestellt (vgl. Bild 18 und 19). Das ist eine Art Fass, in dem sich ein drehbarer Korb befindet. In den Korb werden die Waben so hineingestellt, dass die Fläche der Wabe zur Wand zeigt. Jetzt wird der Korb mit einer Kurbel oder mit Hilfe eines Motors um die Mittelachse gedreht. Der Honig fliegt nun, die Zentrifugalkraft macht es möglich, aus der Wabe an die Wand der Schleuder, sammelt sich am Boden und läuft durch ein Spundloch in den Honigeimer. Weil die Waben aber an zwei Seiten Zellen haben und zwischen den Zellen die Mittelwand liegt, kann der Imker nicht einfach zuerst die eine Seite der Wabe und dann die andere schleudern. Die Fliehkräfte beim Schleudern würden bewirken, dass der Honig, der sich in den Zellen befindet, die der Schleuderwand abgewandt sind, durch die Mittelwand brechen und dadurch die Wabe zerstören würde. Es gilt darum, zuerst die eine Seite der Wabe »anzuschleudern«, sie dann, wenn etwas Honig herausgeflogen ist, zu drehen, dann die andere Seite anzuschleudern, dann wieder zu drehen usw. In der Regel wird dreimal an jeder Seite geschleudert. Dann ist die Wabe fast honigfrei und – heil geblieben. Und das ist wichtig, denn die geschleuderten Waben werden dem Bienenvolk zurückgegeben. Der Imker entnimmt die Bienenflucht, legt das Absperrgitter wieder ein und stellt das leere Honiglager wieder auf das Betriebsgebäude. Wenn es gut läuft, haben die Bienen es vier bis sechs Wochen später wieder gefüllt.

Es geht immer noch rund – die Honigbearbeitung

Der Honig, den die Bienen unter Mühen bereitet haben, ist nun beim Imker im Honiglager. Jetzt hat er die Arbeit! Denn so, wie der Honig aus der Wabe kommt, kann er in der Regel nicht bleiben und ins Honigglas abgefüllt werden. Es gibt zwei Probleme: Erstens sind durch das Entdeckeln und Schleudern kleine Wachspartikel in den Honig gelangt. Das ist nicht weiter schlimm, weil ein paar Krümel Wachs zu essen niemandem schadet. Aber es sieht nicht gut aus, wenn im Honigglas Wachsstückchen herumschwimmen. Außerdem klebt Wachs ziemlich an den Zähnen. Der Honig muss darum gesiebt werden. Meist geschieht das schon beim Schleudern: Der Imker lässt den Honig aus der Schleuder durch ein Sieb laufen und dann erst in den Eimer. Wachspartikel oder auch das ein oder andere Bienenbein werden so herausgefiltert.

Im Honigeimer passiert dann wieder etwas, das die Ernte unansehnlich macht: Der Honig schäumt. Aber nicht stark oder blubbernd, als wäre er in Gärung! Vielmehr steigt Luft, die durch das Schleudern in die Eimer geraten ist, auf. Zusammen mit im Honig enthaltenen Eiweißen bildet sich eine dünne, weißliche Schaumschicht, die der Imker so oft vorsichtig abnimmt, bis die Oberfläche schön klar glänzt.

Allerdings bleibt das bei den allermeisten Honigen nicht lange so. Einige Zeit nach dem Schleudern wird der Honig trübe. Auch das ist kein Zeichen dafür, dass er schlecht wird. Ganz im Gegenteil: Reifer Honig beginnt einige Zeit nach der Ernte zu »kandieren«, im Honig bilden sich Zuckerkristalle. Das ist ein ganz natürlicher Vorgang, der mit den Verhältnissen der im Honig enthaltenen Zuckerarten zusammenhängt. Blütenhonige, die meist einen hohen Anteil an Traubenzucker haben, kandieren recht bald nach der Schleuderung, Blatthonige, bei denen der Fruchtzuckeranteil höher ist, kandieren später, manchmal auch gar nicht oder nur so, dass einzelne Zuckerkristallklumpen im ansonsten flüssigen Honig herumschwimmen oder sich am Glasboden absetzen.

Lästig wird die »Kristallisation« dann, wenn die Zuckerkristalle zu groß werden. Lindenhonig kann z.B. so hart werden, dass man fast zu Hammer und Meißel greifen muss, um ihn aus dem Glas zu bekommen. Um das zu verhindern, gibt es einen Trick: Rühren! Sobald man sieht, dass die Kristallisation einsetzt, rührt man den Honig ganz langsam ein paar Tage nacheinander etwa fünf Minuten lang. Meist geschieht das mit Hilfe einer starken Bohrmaschine und einem speziellen Rührvorsatz für Honig. Durch das Rühren werden die groben Kristalle aneinander gerieben und zermahlen, sodass feinere Kristalle entstehen. Es ist wie bei einer Dose, in der große Kandisstücke liegen: Rührt man diese lange genug, wird man irgendwann feinen Zucker haben. Aus groben Brocken werden fließfähige kleine Kristalle. Ein paar Tage gerührt, dann schimmert die Oberfläche des Honigs wie die Innenseite einer Muschel perlmuttfarben in der ganzen Buntheit eines Regenbogens. Das ist für den Imker das Zeichen, dass nun genug gerührt ist. Jetzt sind so viele kleine Kristalle vorhanden, dass der Honig nicht mehr hart wird, sondern streichfähig bleibt. Und so soll er dann ins Honigglas und aufs Brötchen kommen.

Wenn ein Jahr gut läuft, dann können Imker den Honigfabriken ihrer Bienen zwei-, manchmal dreimal den Honig entnehmen. Dabei muss man sich vor Augen halten: Diese Ernte ist nur der Überschuss, den die Bienen erwirtschaften und als Winternahrung einlagern. Tatsächlich stellen sie in ihrer Fabrik nur aus etwa einem Drittel des eingetragenen Nektars Honig her. Zwei Drittel der Tracht werden sogleich von den Bienen verzehrt, vor allem aber für die Fütterung der Brut verbraucht.

Wer nehmen will, muss geben können – Winterfütterung

Hat der Imker die letzte Honigernte des Jahres eingebracht, dann stehen er und seine Bienen vor einem Problem: Die Bienen haben keinen Wintervorrat mehr. Zwar blühen auch im späten Sommer noch Blumen und vor allem Blatthonige sind in dieser Zeit noch recht häufig, weil die Läusepopulationen jetzt hoch sein können. Aber einen Überschuss können die Bienen nun in der Regel nicht mehr in die Lager ihrer Fabrik eintragen. Es reicht gerade so zum Leben.

Wenn der Imker keinen Ersatz für die stibitzte Honigmenge heranschafft, dann werden seine Bienen spätestens im Frühjahr des nächsten Jahres, wenn viel Futter für die neue Brut gebraucht wird, verhungern. Darum werden die Völker von Ende Juli bis spätestens Ende September »aufgefüttert«. Dazu wird den Bienen zunächst der Honigraum freigegeben. Das Absperrgitter wird entfernt und die Königin kann sich jetzt frei auf allen Etagen der Fabrik bewegen. Weil nun nach oben mehr Raum ist und weil die Königin in der zu Ende gehenden Trachtsaison auch immer weniger Eier legt, wird nach etwa drei Wochen die unterste Etage der Honigfabrik brutfrei sein. Hier gibt es nur noch leere Zellen in den Rähmchen, auf denen gelangweilte Flugbienen herumlungern. Der Imker entfernt darum diese Zarge. Gleichzeitig setzt er oben, über dem ehemaligen Honigraum, eine sogenannte »Futterzarge« auf. Und mit dieser bereitet er für seine Bienen ein kleines Schlaraffenland. Ist die Zarge aufgesetzt, dann füllt er Flüssigfutter ein. Das ist ein Sirup, der aus Fruchtzucker, Traubenzucker und etwa 20 % Wasser besteht. Eine dickflüssige, sehr süße Zuckerlösung also. Die Bienen können über einen Spalt im Boden der Zarge eine kleine Wand überklettern und finden so schnell einen großen See süßester Herrlichkeit direkt über ihren Köpfen. Ein Gitter verhindert, dass sie die Wand verlassen und im Futter ertrinken können. Bald sieht man sie darum dicht an dicht nebeneinander stehend ihre Zungen in den Sirup tauchen und das Futter aufnehmen. Innerhalb von vier bis fünf Tagen kann ein starkes Volk 15 Kilogramm Futter in die Wabenzellen packen und verdeckeln. Das Honiglager ist wieder voll, das Überleben des Volkes ist gesichert (vgl. Bild 20).

Allerdings: Zuckersirup ist kein Honig. Zwar besteht auch Honig zu 98 % aus verschiedenen Zuckern, aber eben auch zu 2 % aus über 180 weiteren Substanzen wie Enzymen, Mineralstoffen, Spurenelementen und dergleichen. Das Winterfutter der Bienen ist also, verglichen mit dem Honig, eine eher dünne Suppe. Tatsächlich gibt es Untersuchungen, die darauf hinweisen, dass Bienen, die auf Honig und nicht auf Zucker überwintern, etwas vitaler sind, wenn es wieder Frühjahr wird. Allerdings kann für Bienen auch das Winterfutter Honig zum Problem werden. Denn anders als Zuckerlösung enthält Honig Ballaststoffe, die die Bienen im Darm sammeln müssen. Wir hörten schon davon. Überwintert ein Volk auf einem sehr ballaststoffreichen Honig, wie das z.B. Blatthonige sind, dann kann ein kaltes Frühjahr zum Problem werden. Die Bienen können nicht zum Reinigungsflug starten und irgendwann kommt ein solches Volk dann in eine im Wortsinn beschissene Situation: Die Bienen entleeren den Darm auf die Waben. Bakterielle Infektionen sind die Folge und in der Regel geht ein solches Volk zu Grunde. So mag für die Bienen der Zuckersirup nur eine Entschädigung sein für den verlorenen Honig und nicht wirklich ein Ausgleich. Aber sie verkraften auch diesen Eingriff und: Die wenigsten Imker schleudern allen Honig, der sich im Volk befindet. Randwaben im Brutraum oder auch kleine Herbsttrachten, die in Zeiten der Klimaveränderung auch in unseren Breiten häufiger werden, verbleiben im Volk. Mag darum im Winter die Hauptmahlzeit in der Kantine der Honigfabrik auch tagein, tagaus aus Zuckersirup bestehen, zum Nachtisch gibt es immer wieder auch einmal eine Portion richtigen Honig.

KAPITEL IV

EINE TOCHTERFIRMA WIRD GEGRÜNDET – DER SCHWARM

Es ist Ende Mai, der Tag ist sonnig und warm. Am Flugloch der Honigfabrik geht es geschäftig zu, ein stetes Ein- und Ausfliegen der Sammelbienen. Aber nichts Aufregendes, Normalbetrieb an einem Tag mit guter Tracht. Dann gegen Mittag verändert sich die Situation plötzlich. Das Summen schwillt an. Am Flugloch entsteht Hektik, ein wildes Gerenne auf dem Flugbrett und an der Magazinwand. Immer mehr Bienen fluten nach draußen, heben ab, fliegen aber nicht davon, sondern bilden eine immer größer werdende Bienenwolke vor dem Kasten. Das freundliche Summen ist zu einem beängstigend lauten Brausen angeschwollen. Überall sind jetzt kreisende Bienen in der Luft, und dann kommt sie: Die Königin erscheint auf dem Flugbrett, hält in der für sie ungewohnten Helligkeit kurz inne und hebt ab. Einige Minuten später verändert sich die Situation erneut: Die brausende Bienenwolke sortiert sich irgendwie, der Lärm nimmt ab, die Bienen in der Luft werden weniger. Am Flugloch herrscht bald wieder ein gewohnt ruhig-emsiges Kommen und Gehen, allerdings ist die Zahl der ein- und ausfliegenden Bienen geringer geworden. Und wenige Meter von der Honigfabrik entfernt, in einem Baum, einer Hecke oder einem Busch sieht man etwas Faszinierendes: Tausende von Bienen hängen eng aneinander in einer dicken Traube zusammen. Ein Schwarm hat die Honigfabrik verlassen, um eine Tochterfirma zu gründen. Wie ist es zu dieser »Entscheidung« gekommen und wie geht es nun weiter?

1. Es ist wie immer: Es sind die Triebe

Bisher war schon einige Male die Rede davon, dass die Königin eines Bienenvolkes Eier legt, die unter der sorgfältigen Pflege der Ammenbienen zuerst zu Larven, dann zu Puppen und schließlich zu jungen Bienen heranwachsen. Das Erstaunliche an dieser ja mit erheblichem Aufwand betriebenen Prozedur: Diese Schaffung von Nachwuchs dient bei den Bienen nicht der Vermehrung der Völker! Gäbe es auf der Welt nur ein einziges Bienenvolk, dann würde – selbst wenn dieses Volk und seine Königin unsterblich wären – die ganze Eierlegerei und Nachwuchspflege nie dazu führen, dass irgendwann ein zweites Volk entstünde. Da aber ein Bienenvolk und die Königin nicht unsterblich sind, wären das Volk und damit die Bienen irgendwann tot und verschwunden.

Nun gibt es aber schon seit einigen Millionen Jahren staatenbildende Bienen. Sie haben sich also immer schön vermehrt, und zwar mit Hilfe eines Tricks der Evolution: Bienen schaffen Nachwuchs, um das eigene Volk zu erhalten. Um sich aber zu vermehren, *teilen* sich die Völker. Sie schwärmen und machen auf diese Weise aus einem Volk zwei. Alle Bienenvölker haben darum einen mehr oder weniger ausgeprägten sogenannten »Schwarmtrieb«. Und wie das mit den Trieben so ist: Meistens schlummern sie so vor sich hin, aber wehe, wenn sie erwachen … Bei Bienen tritt diese triebgesteuerte Unruhe in der Regel in der Zeit von Ende April bis etwa Mitte Juli auf. Was aber passiert da genau?

Das zweite Kapitel dieses Buches hat schon davon erzählt, wie im Frühjahr ein Bienenvolk nach der Winterruhe wieder zu wachsen beginnt. Nach dem Bruteinschlag und mit Beginn der Frühjahrsblüte kommen in wenigen Wochen Tausende von jungen Bienen auf die

Welt. Ein Volk, das im März 5.000 Tiere umfasst, kann bis Mitte Mai ohne weiteres auf 35.000 Bienen angewachsen sein. Die Honigfabrik läuft jetzt auf Hochtouren: Nachwuchs erzeugen, Nektar und Pollen sammeln, Waben ausbauen und Vorräte anlegen. Alles geschieht gleichzeitig, und schließlich passiert in einem Volk das Unvermeidliche: Alle Wabenflächen sind mit Brut, Pollen oder Honig belegt. Gleichzeitig gibt es keinen Raum mehr, um noch neue Waben anzulegen.

Das alles ist schlecht für die Stimmung. Die Königin findet keinen Platz mehr zum Legen, sodass die Bienen, die sie füttern und pflegen, ihr die Rationen kürzen. Sie hört jetzt zwar nicht vollkommen auf, Eier zu legen, aber statt der 1.200, die täglich möglich wären, sind es deutlich weniger. Zugleich bilden sich die Eierstöcke in ihrem Hinterleib etwas zurück. Die Königin wird leichter.

Weniger Eier und Larven bedeuten für die Ammenbienen weniger Arbeit. Auch das ist schlecht für die Stimmung im Volk. Die Zahl der Ammenbienen ist hoch, der Futtersaft für die Brut ist da, wird aber nicht gebraucht. Und den Trupps der Baubienen geht es nicht besser: Es ist kein Platz mehr da. Sie wollen bauen, können es aber nicht.

Insgesamt entsteht so eine Art »Potenzialstau« im Volk: Alle Möglichkeiten des Wachstums sind da, können aber nicht ausgelebt werden. Die Bienen spüren bald: Es wird Zeit, etwas Neues zu beginnen. Der Schwarmtrieb erwacht und die Teilung des Volkes wird vorbereitet. Und was braucht ein zweites Volk? Richtig: Eine Königin! Darum beginnt ein Bienenvolk, das schwärmen will, sogenannte »Schwarmzellen« anzulegen. An den Rändern vor allem von Brutwaben werden kleine, runde Wachsnäpfchen angebaut, die aussehen, als hätte man ein hohles Wachskügelchen hälftig geteilt und an den Wabenrand montiert.

In einem starken Volk können durchaus zehn und mehr solcher Zellen entstehen. Die Königin des Volkes wird an sie herangeführt und legt in jedes der »Weiselnäpfchen«, wie Imker sagen, ein Ei. Die Ammenbienen, die die Eier pflegen, erkennen an der runden Form der Larvenwiege: Hier soll eine Königin heranwachsen und darum füttern sie die geschlüpfte Larve nur mit Gelee royale (vgl. Bild 21).

Etwa acht Tage nachdem die Schwarmzellen von der Königin mit einem Ei bestiftet wurden, werden sie verdeckelt. Die kleinen Näpfchen sind mittlerweile zu länglichen Königinnenzellen geworden und aus den Eiern wurden Puppen, die sich nun in der geschlossenen Zelle zu fertigen Königinnen entwickeln.

Jetzt wird es Zeit für den Schwarm! Denn es ist nicht so, dass das Volk nun warten würde, bis die jungen Königinnen geschlüpft sind, um sich dann mit einer dieser Prinzessinnen auf den Weg zu machen. Es ist zunächst die alte Königin, die die Honigfabrik verlässt, um eine neue aufzubauen. An einem warmen Maimittag steigt sie, nachdem sie wieder flugfähig wurde, weil ihr Hofstaat sie auf Diät setzte, mit der Hälfte ihrer Belegschaft auf. Bis zu 20.000 Bienen suchen nun mit ihrer Chefin ein neues Zuhause.

Zunächst aber geht die Reise nicht sehr weit. Die Königin kann zwar wieder fliegen, aber sie ist bei weitem nicht mehr so flugfähig wie damals, als sie als Prinzessin zum Hochzeitsflug aufstieg. Nach einigen Metern ist für sie erst einmal Schluss. Sie lässt sich auf einem Ast oder an einem Baum in nicht allzu großer Höhe nieder. Der kleine Hofstaat, der sie begleitet, beginnt sofort zu »sterzeln«, wie Imker sagen: Der Hinterleib wird leicht angehoben, eine Duftdrüse geöffnet und mit Flügelschwirren ein Duftstoff verteilt. Dieser teilt den herumfliegenden Schwarmbienen mit: »Hierher, Mädels! Die Chefin wartet!« Und nach und nach bildet sich um die Königin die Schwarmtraube, von der eingangs die Rede war.

Die Lage der Belegschaft in der Honigfabrik ist jetzt etwas kompliziert. Wir haben einerseits die Bienen, die sich der Mannschaft für den neuen Betrieb angeschlossen haben und nun im Baum hängen. Und dann haben wir die Mannschaft, die an der alten Betriebsstätte geblieben ist. Diese wartet darauf, dass eine neue Chefin kommt und wie es weitergeht. Schauen wir zunächst, wie es den Neusiedlern ergeht.

2. Schwarmintelligenz – Wie Bienen umziehen

Ein Schwarm ist für einen Beobachter ein beeindruckender Anblick. Zehntausende von Bienen verlassen gemeinsam mit der alten Königin den Stock. Als eng zusammengerückte Schwarmtraube biwakieren sie in der Nähe des Kastens, von dem aus sie aufgebrochen sind, meist an einem Baum. Und dann irgendwann später und mit einem Mal steigen alle wieder auf, um auf direktem Weg eine neu gefundene Wohnmöglichkeiten zu beziehen, die durchaus einige Kilometer weit entfernt sein kann.

Anders als beispielsweise eine Kohlmeise auf der Nistplatzsuche kann ein Bienenschwarm nicht umherfliegen und verschiedene Höhlen inspizieren, bevor er entscheidet, in welcher er bleiben möchte. Wie schafft es also der Schwarm, wie ein einziges großes Tier eine neue Wohnhöhle zu finden? Wie gelingt es ihm zu entscheiden, welche der gefundenen Höhlen bezogen werden soll? Und wie bekommen die Bienen es hin, Zehntausende Tiere dazu zu bewegen, gemeinsam aufzubrechen und weiterzuziehen? Die Antworten auf diese Fragen zeigen einmal mehr, wie faszinierend das kommunikative Zusammenspiel innerhalb eines Bienenvolkes ist – und dass wir es immer noch nicht ganz genau verstanden haben (Lindauer 1955, Seeley 2014).

Späher werden ausgeschickt

Aus der Schwarmtraube heraus wenden Bienen zunächst eine Strategie an, die auch von wandernden Menschengruppen, als sie noch als Jäger und Sammler unterwegs waren, auf der Suche nach einer neuen Heimat genutzt wurde. Man schickte Späher aus, um die Umgebung zu erkunden. Die Erkenntnisse der Scouts wurden dann in der Gruppe besprochen und zur Grundlage für die Entscheidung, wohin der Treck sich bewegen sollte.

Ähnlich machen es die Honigbienen. Von der Schwarmtraube startet eine relativ kleine Gruppe Spurbienen auf der Suche nach einer neuen Wohnhöhle. Diese muss rasch gefunden werden, denn das Volk ist schutzlos. Ein überraschendes Unwetter kann seinen Untergang bedeuten. Und auch die Nahrungsvorräte sind knapp. Die Schwarmbienen zehren von dem Honigproviant, den sie vor dem Auszug aus dem Altvolk in ihren Honigblasen aufgenommen haben. Dieser muss aber nicht nur für ihre Ernährung reichen. Er ist auch der Energievorrat, mit dem die Wachsproduktion für den neuen Wabenbau in der neuen Nisthöhle und die Fütterung der ersten neuen Brut bestritten werden muss. Je länger ein Schwarm also buchstäblich herumhängt, desto unsicherer wird seine Zukunft.

Die Scouts beeilen sich also. Jede Spurbiene, die eine Höhle entdeckt hat und für geeignet hält, wird jetzt zur Wohnungsmaklerin. Sie vermittelt ihren Fund, indem sie auf der Oberfläche der Schwarmtraube tanzt. Dabei geben die Tanzbewegungen genau wie bei der Information der Sammelbienen über geeignete Nektarquellen einen ungefähren Hinweis auf die Lage der entdeckten Höhlung.

Die Lebhaftigkeit und Ausdauer der Tänze spiegelt die »Begeisterung« der Spurbiene für ihren Fund wieder. Diese Begeisterung ist umso größer, je mehr der Eigenschaften der entdeckten Wohnmöglichkeit denen entsprechen, die sich im Laufe der Evolution der Bienen für diese als optimal herausgestellt und bei den Bienen verankert haben. Ein wesentlicher Gesichtspunkt ist dabei die Größe der Wohnhöhle. Sie darf nicht zu klein sein und muss über die Jahre hinweg ein Wachstum des Wabenbaus erlauben. Sie sollte aber auch nicht zu groß ausfallen. Zur Bestimmung der Größe einer Höhle schreiten die Scouts auf mehreren unterschiedlich ausgerichteten Bahnen die Wände der Höhle ab und erhalten so einen Eindruck von deren Gestalt und Volumen. Die neue Wohnung sollte außerdem trocken sein, möglichst mehrere Meter über dem Erdboden liegen und einen Eingang haben, der von seiner Beschaffenheit und Ausrichtung ebenfalls passen sollte: nicht zu groß, nicht zu klein und möglichst abgewandt von der vorherrschenden Windrichtung.

Die Makler mühen sich

Die von den Scouts gemachten Entdeckungen sind nun sehr unterschiedlich. Manche haben vielleicht nur eine »Elendshütte«, andere eine »Prachtvilla« entdeckt. Jetzt kommt es darauf an, die Schwarmtraube zu informieren, zu überzeugen und zu einer Entscheidung zu bewegen. Aber wie? Die nur wenige Dutzend Spurbienen umfassende Scoutgruppe erreicht mit ihren Tänzen auf der Oberfläche ja nur einen winzigen Bruchteil der Bienen in der Schwarmtraube. Aber alle müssen das neue Ziel möglichst zusammen erreichen!

Um diese Aufgabe zu bewältigen, greifen im Schwarm nun verschiedene Verhaltensweisen in zeitlicher Abstufung ineinander. Zunächst muss festgestellt werden, welche der gemachten Entdeckungen die beste ist. Dann muss der Weg zum neuen Heim bestimmt und markiert werden. Schließlich müssen die wenigen Bienen, die das Ziel und den Weg dahin kennen, auch die letzte Schwester ganz im Inneren der Schwarmtraube dazu bewegen aufzubrechen und mitzufliegen, wenn der Umzug abgeschlossen werden soll.

Bei der Entscheidung darüber, welche neue Wohnung gewählt werden soll, ist der Tanzenthusiasmus der Scouts bedeutsam. Spurbienen, die von ihrer Entdeckung selbst nicht restlos überzeugt sind, stellen ihre Tänze ein, sobald sie heftiger tanzende Bienen wahrnehmen, die sie offenbar beeindrucken. Nach dieser einfachen Regel fallen nach und nach die Anzeigen für die weniger guten Unterkünfte weg und am Ende bleiben die Tänze der Bienen übrig, die am überzeugtesten tanzen und darum eben auch am überzeugendsten sind. Die Entscheidung, welche neue Wohnung es sein soll, ist damit gefallen.

Deren Entdeckerinnen bringen nun weitere Bienen dazu, die neue Behausung und den Weg dahin kennenzulernen. Sie tanzen auf der Traube, fliegen zwischen Schwarm und neuer Wohnung hin und her und führen am neuen Wohnort Brauseflüge auf, um diesen mit Duftstoffen zu markieren. Denkbar ist sogar, dass sie in der Luft eine Art Duftspur vom Schwarm zur neuen Adresse legen. Da sich das Schwärmen und das Aufsuchen einer neuen Wohnung unter natürlichen Verhältnissen im Wald abspielen (Vgl. S. 228ff.), sind hier die Duftwolken in der Vegetation sicher auch recht lange haltbar. Allerdings gibt es dazu bisher nur Vermutungen und keine wissenschaftlichen Erkenntnisse. Indem sie sich so aufführen, bringen die Scouts weitere Bienen dazu, sich ihrem Verhalten anzuschließen. Auch diese suchen das neue Ziel auf, tanzen dafür auf der Schwarmtraube, fliegen hin und her, zeigen Brauseflüge und markieren das Ziel.

Pieplaute mit Sprengkraft

Nun könnte man vermuten, dass das immer so weiter geht, bis nach und nach auch die letzte Biene verstanden hat, wohin die Reise geht. Würden aber alle Bienen der Schwarmtraube auf diese Weise persönlich eingeladen werden müssen, die neue Wohnadresse kennenzulernen, dann würde sich der Umzug viel zu sehr in die Länge ziehen. Das Volk ist ja schutzlos und braucht aus den schon genannten Gründen schnell ein neues Dach über dem Kopf. Wie also bringt man einen Bienenschwarm, in dessen Innerem die Königin sicher geschützt und geleitet mitfliegt, dazu, »en bloc« zu einer unter Umständen nur handtellergroßen Öffnung in einem Baum in einem dichten Waldgebiet aufzubrechen?

Hat die Gruppe der Bienen, die das Ziel kennen, dafür tanzen und es markieren eine bestimmte Größe erreicht, ändert sie ihr Verhalten. Die Bienen dieser Gruppe tanzen und fliegen nun nicht mehr nur, sie wühlen sich jetzt auch immer wieder zwischen den Körpern der dicht beieinander sitzenden Bienen hindurch in das Innere der Schwarmtraube. Versteckt man hier ein empfindliches Mikrofon, dann hört man jetzt kurze Pieplaute, die die Scoutbienen mit ihrer starken Flugmuskulatur erzeugen (Seeley u. Tautz 2001). Bienen sind taub und hören diese Laute nicht, aber sie spüren sie. Starker Luftschall erschüttert ihre Fühler und die Sinneshärchen auf dem Kopf, Vibrationen des Untergrundes werden mit den Beinen wahrgenommen. Was sich im Inneren der Schwarmtraube abspielt, können wir uns in etwa so vorstellen, dass Bienen den »Schall« so wahrnehmen, wie wir Menschen den harten Bass eines Schlagzeugs oder einer Gitarre. Diesen hören wir ja nicht nur, wir spüren ihn auch im Bauch und mit dem ganzen Körper. Im dichten Bienengedränge der Schwarmtraube und im direkten Kontakt zur Pieperin wird das Piepen also als Ganzkörperreizung wahrgenommen. Und diese

Stimulierung bekommt jede Biene ab. Platziert man in einer Schwarmtraube zwei Mikrofone, bekommt man über einen Kopfhörer einen räumlichen Eindruck vom Weg, den eine piepende Scoutbiene im Inneren der Schwarmtraube zurücklegt. Während ihrer Wühlarbeit gibt eine solche Biene etwa jede Sekunde einen Pieplaut von etwa einer halben Sekunde Dauer von sich. Dabei kann sie eine gewundene Strecke von mehr als einem halben Meter innerhalb der Traube zurücklegen, wieder auf der Schwarmoberfläche auftauchen und tanzen, um erneut eine Wühl-und-Piep-Runde zwischen den Bienen zu beginnen. Hin und wieder finden zwischengeschaltet auch Flüge zum neuen Ziel statt.

Das Piepkonzert der Scoutbienen löst nun ein erstaunliches Phänomen aus: Misst man die Temperatur im Inneren der Schwarmtraube, stellt man fest, dass die Körpertemperatur der Bienen nach und nach zunimmt, wenn die Scoutbienen mit dem Piepen beginnen (Seeley et al. 2003). Verfolgt man den Weg einer piependen Biene mit einer wärmeempfindlichen Kamera, zeigt sich eine leuchtende Spur. Die Scoutbiene gibt also nicht nur ein Geräusch von sich. Durch die Aktivität der Flugmuskulatur ist sie auch wärmer als ihre Schwestern und offenbar animieren Geräuschentwicklung und Wärme diese dazu, selbst ihre Temperatur zu erhöhen. Nach etwa einer Stunde heftiger Piep-Mühe hat die gesamte Schwarmtraube schließlich eine Temperatur von etwa 35 Grad Celsius erreicht. Und dann passiert es: Die Schwarmtraube explodiert regelrecht. Mit einem Schlag sind alle Bienen in der Luft und bilden eine wogende Wolke, die aber noch unentschlossen wirkt. Jetzt kommen die Spurbienen noch einmal ins Spiel: In schnellem Flug sausen sie in der unsicher in der Luft stehenden Bienenwolke hin und her. Dabei bleiben sie immer auf der Linie, die von der Wolke zum Ziel führt. Nach und nach nehmen andere Bienen diese Fluglinie auf, aus der Wolke wird eine Zigarre, die sich zügig in Richtung der neuen Wohnung in Bewegung setzt. Die Bienen in der Schwarmtraube merken also nach dem Aufstieg, wohin die Reise gehen soll, indem sie den Scouts und ihrer Duftspur folgen. Bald sind sie in ihrem neuen Zuhause angekommen.

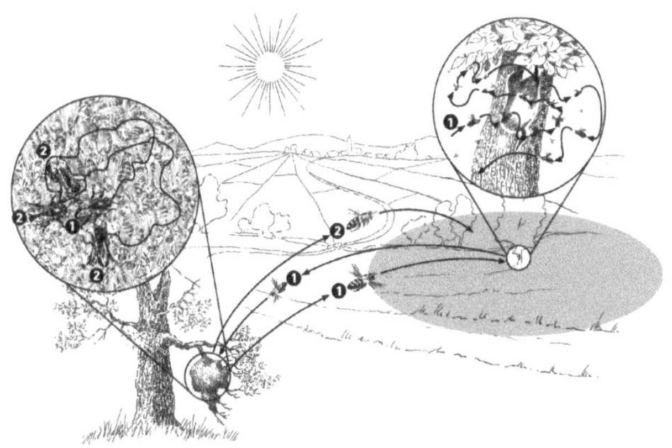

Abb. 16

Rekrutierung zum neuen Nistplatz. Um Tausende von Bienen exakt zum neuen Nistplatz, einem Punkt in der Landschaft, zu bringen, setzen die Bienen dieselben Kommunikations- und Unterstützungs-Bausteine ein, die sie auch bei der Futterplatz-Rekrutierung (ein Schwarmverhalten im Mini-Format) nutzen. Vgl. hierzu Abb. 13 (aus Tautz 2015).

Jede muss alles können – die Plastizität des Bien

Die neue Wohnung ist zunächst einmal: vollkommen leer. Die Mannschaft ist jetzt zwar vor Ort, aber das wichtigste Betriebsmittel – die Wabe – fehlt. Und auch die Futtervorräte halten nicht ewig.

Damit das Volk diese kritische Situation überlebt, damit bald wieder junge Bienen schlüpfen und der Vorrat für den Winter angelegt werden kann, heißt es jetzt für alle, kräftig anzupacken. Tatsächlich explodiert in einem Schwarm die beeindruckende Leistungskraft des Bien als Superorganismus. Das Wort für dieses Wunder heißt: »Plastizität«. Hat eine Biene gewöhnlich in ihrem Lebenslauf eine bestimmte Aufgabe in einem bestimmten Lebensalter, so setzt die Schwarmsituation diese Aufgabenfolge außer Kraft. Insbesondere die Sammelbienen, deren sommerkurzes Leben schon fast zu Ende ist, fangen im Schwarm wieder an, Wachs zu schwitzen, und schließen sich den Bautrupps an. Auch in der Brutpflege kommen sie jetzt wieder zum Einsatz, denn in kürzester Zeit entsteht eine erste Wabe, deren Zellen die Königin sofort mit Eiern bestiftet. Weniger als vier Wochen nach dem Einzug in die neue Produktionshalle schlüpfen hier die ersten jungen Bienen, die das alte Zuhause schon nicht mehr kennen. Die alte Königin hat einem neuen Volk auf den Weg geholfen. Aus einem Volk sind zwei Völker entstanden.

Kurz und bündig – Wie Imker die neue Wohnung organisieren
Unter den Bedingungen der Honigfabrik geht das Beziehen einer neuen Wohnung aber meist viel einfacher vonstatten: Wenn irgendwo ein Schwarm im Baum hängt, ist bald schon ein Imker oder eine Imkerin vor Ort, um ihn einzufangen (vgl. Bild 22). Die Prozedur ist recht einfach: Man besprüht den Schwarm mit etwas Wasser. Das kühlt die erhitzte Traube ein wenig ab. Außerdem können die Bienen mit nassen Flügeln schlechter auffliegen. Dann nimmt man einen Bienenkorb oder Bienenkasten mit Boden und Flugloch und fegt den Schwarm in die Kiste. Deckel drauf und abstellen. Ist die Königin im Kasten, werden die noch herumfliegenden Bienen bald das perfekte Wohnungsangebot annehmen und

ebenfalls in den Fangkasten einziehen. Am Abend nach Ende des Flugbetriebs kann man diesen dann holen, eine Nacht kühl stellen, am besten in den Keller. Am nächsten Tag kippt man die Bienen dann einfach in eine leere Zarge, die auf einem Boden steht, und lässt in die wuselnde Bienenmenge von oben Rähmchen mit Mittelwänden gleiten. Dann bringt man die so entstandene Tochterfirma an ihren Standplatz. Darüber, wo dieser liegen darf, besteht Uneinigkeit. Manche Imker platzieren den Schwarm mindestens zwei Kilometer entfernt von der Honigfabrik, aus der er ausgezogen ist. Die Flugbienen kehren dann sicher nicht in die alte Firma zurück. Andere verzichten auf diese Wanderung, weil sie die Erfahrung gemacht haben, dass ein Schwarm nicht kleiner wird, wenn die Bienen am alten Platz aufgestellt werden. Vielleicht vergessen Schwarmbienen einfach, woher sie kommen?

3. Zickenterror mit Todesfolge – Wie es am Stammsitz weitergeht

Wie geht es nun in der Honigfabrik weiter, aus der der Schwarm ausgezogen ist? Die Zurückgebliebenen haben es auf den ersten Blick nicht schlecht getroffen. Sie haben ein gut gefülltes Lager, zahlreiche junge Bienen werden in den nächsten Wochen aus den Zellen schlüpfen, die die fortgeflogene Königin noch bestiftet hat. Der Wabenbau ist perfekt.

Es kann nur eine geben – Kampf um den Thron

Aber es gibt ein Problem: Dem Volk fehlt die Königin. Das vom Schwarm verlassene Volk hat ein Interregium zu durchstehen, eine Zeit ohne klare Herrschaft. Und was passiert, wenn die Machtverhältnisse unklar sind? Unruhe und Gewalt greifen um sich!

Denn im Schwarmtrieb wurde ja nicht nur eine Schwarmzelle angelegt, sondern gleich mehrere. 16 Tage nach der Eiablage sitzen darin die schlupfreifen jungen Prinzessinnen. Sie haben nur ein Ziel: Alleinherrscherin zu werden. Aber wie stellt man das jetzt an, wenn es viel Konkurrenz gibt, die auch auf Zack ist? Nun: Zunächst einmal spricht man miteinander!

Die schlupfreifen Jungköniginnen pressen sich an die Wände ihrer Zellen und erzeugen mit ihrer Brustmuskulatur ein Geräusch, das sich wie ein Quaken anhört. Sie warten auf Antwort. Denn wenn vor ihnen schon eine andere der jungen Königinnen geschlüpft ist und wenn zugleich das Volk noch in Schwarmstimmung ist, dann wird diese Prinzessin mit einem Ton antworten, der sich wie ein Tüten anhört. Die Botschaft an die in ihren Zellen hockenden Konkurrentinnen ist: »Bleibt, wo ihr seid. Ich soll noch schwärmen und bin in Kürze weg.« Tatsächlich kommt das recht häufig vor. Nachdem die alte Königin im »Vorschwarm« den Stock verlassen hat, kann es ein bis zwei Tage lang weitere »Nachschwärme« geben, bei denen unbegattete Jungköniginnen sich – wiederum mit der Hälfte der sich noch im Stock befindlichen Bienen – auf den Weg machen.

Ist der Schwarmtrieb dann überwunden, schlüpfen die noch verbliebenen jungen Majestäten. Ihr erstes Ziel: Die Konkurrentinnen umbringen. Hocken diese noch in ihren Zellen, ist das einfach: Die geschlüpfte Königin beißt die Zellenwand der Mitbewerberin an der Seite auf, schiebt ihren Hinterleib in das entstandene Loch und sticht zu. Königinnen, die schon geschlüpft sind, entscheiden im Zweikampf auf der Wabe, wer von beiden die Herrschaft übernehmen darf. Es gilt immer: Es kann nur eine geben. Gekämpft wird, bis eine der beiden am Stich und am Gift der anderen stirbt.

Ist am Ende dieser unruhigen Zeit noch eine Jungkönigin übrig, wird diese nach einigen Tagen brunftig werden und zum Hochzeitsflug starten. Kommt sie gut und begattet zurück, beginnt sie mit der Eiablage. Das alte, zurückgebliebene Volk hat jetzt zwar deutlich weniger Bienen, aber eine neue Stockmutter. Ausgestattet mit einer voll funktionsfähigen Honigfabrik und ausreichend Vorräten wird es schnell wieder wachsen und mit großer Sicherheit den kommenden Winter überleben. Gerade darum ist es auch evolutionsbiologisch gesehen so pfiffig, dass die alte Königin den Stock verlässt: Sie ist begattet und kann darum schnell eine neue Kolonie bilden. Und das zurückgebliebene Volk, deren neue Königin erst vier bis fünf Wochen nach dem Schlupf neuen Nachwuchs hat, kann diese Unterbrechung des Betriebsablaufs gut verkraften. Vorräte sind ja schon da und das Fehlen der vielen Flugbienen, die mit dem Schwarm gezogen sind, fällt nicht weiter ins Gewicht. So hat die jugendliche Regentin die besten Startbedingungen. Ein Bienenvolk, das auf diese Weise immer wieder eine junge, legestarke Königin bekommt, ist im Prinzip unsterblich.

Arm und obdachlos – die Nachschwärme

Hochproblematisch dagegen ist die Lage der Nachschwärme. Diese haben außer den wenigen Vorräten in den Honigblasen der Schwarmbienen rein gar nichts: kein Zuhause und damit kein Wabenwerk, keine begattete Königin. Ihr einziger Vorteil ist: Die junge Königin war noch nie in Eiablage. Sie hat also keine entwickelten Eierstöcke und darum keinen schweren Hinterleib. Sie kann ebenso gut fliegen wie jede Arbeitsbiene. Und so erkennt man Nachschwärme leicht daran, dass die – oft recht kleine – Schwarmtraube nicht selten in großer Höhe in einem Baum hängt und in der Regel auch schnell weiterzieht. Darum ist es oft nicht möglich, diese Schwärme einzufangen. Vielleicht gelingt es diesem kleinen, schnellen Schwärmchen dann, irgendwo weit weg von der Honigfabrik ihrer Herkunft wenigstens eine kleine Werkstatt aufzumachen? Vielleicht gelingt es ihnen, wie Pionieren in der Wildnis, ein neues Areal zu besiedeln, in dem es noch keine Bienen gibt? Aber sicher ist das nicht. In Zeiten, in denen weite Waldgebiete oder Buschsavannen die Landschaften prägten, mag es – wieder evolutionsbiologisch betrachtet – ein Vorteil gewesen sein, dass Bienenvölker weite Strecken schnell zurücklegen konnten. Vielleicht besiedelten Bienen auf diese Weise z.B. abgebrannte Waldgebiete neu. Heute aber, in einer ausgeräumten Landschaft haben Nachschwärme es schwer, weil sie kaum noch geeigneten Wohnraum finden. Und selbst, wenn eine geeignete Wohnung gefunden wird, muss die Königin noch den Hochzeitsflug absolvieren und heil zurückkehren …

4. Der Imker als Spaßbremse

Wo es Triebe gibt, gibt es immer auch die Moralapostel, die sie kontrollieren und unterdrücken wollen. Bei den Bienen übernehmen diese Aufgabe der Imker oder die Imkerin. Das erste Kapitel dieses Buches hat von der Korbimkerei erzählt und davon, dass bei dieser Betriebsweise einer Honigfabrik das Schwärmen der Bienen geradezu angestrebt wurde. Viele Schwärme, das bedeutete, dass im Spätsommer viele Bienenkörbe in die Heide gebracht werden konnten. Als das Magazin erfunden war, war das Schwärmen nicht mehr erwünscht. Jetzt sollten die Bienenvölker frühzeitig im Jahr möglichst groß sein, damit das gesamte Nektarangebot des Sommers von den Bienen eingetragen und verschiedene Trachten zu Honig umgearbeitet werden konnten. Aufgabe der Völkerführung durch die Imker wurde es nun, möglichst zu verhindern, dass die Bienen eine Tochterfirma gründen. Aber wie geht das?

Wer arbeitet, kommt nicht auf dumme Gedanken – meistens nicht

Der Schwarmtrieb erwacht, wenn es zu einem Potenzialstau kommt. Dieser entsteht schnell, wenn es in der Honigfabrik zu eng wird. Hat ein Volk aber genug Raum, dann wird es eher nicht schwärmen wollen. Also ist die erste Möglichkeit der Triebbeherrschung für den Imker: Raum geben. Das erste Kapitel hat davon erzählt, wie das geht: Wird der Platz in der Fabrik knapp, dann wird einfach eine Etage angebaut. Hier finden die Bienen nun neue Rähmchen mit unausgebauten Mittelwänden. Schnell werden dort von den Baubienen die Zellen hochgezogen. Jetzt kann die Königin wieder legen und die Ammenbienen haben bald jede Menge Larven, die sie pflegen können. Und wenn dann über dem Absperrgitter noch zwei Zargen als Honiglager hinzukommen, dann genügt das Platzangebot in der Regel für die ganze Saison.

Allerdings: Auch bei ausreichendem Raumangebot kann ein Volk schwärmen wollen. Manchmal genügt ein Wetterumschwung: Zwei Wochen lang hat die Sonne jeden Tag geschienen, die Sammelbienen konnten viel eintragen und dieser stetige Strom aus Pollen und Nektar ließ die Königin in der Eiablage zur Höchstform auflaufen. Und dann: eine Regenperiode von vielleicht zehn Tagen Dauer. Die Honigfabrik ist jetzt gezwungen, von 100 auf Null zurückzufahren. Mit einem Mal sind alle Sammelbienen zu Hause und hängen herum. Der Futterstrom setzt aus. Die Königin verlangsamt die Eiablage. Unzufriedenheit entsteht und – der Schwarmtrieb erwacht.

Und manchmal erwacht er auch, ohne dass eine Ursache zu erkennen ist, einfach so, weil Bienen so sind, wie sie sind, und der Trieb zur Vermehrung zu ihnen gehört wie zu jedem anderen Lebewesen auch.

So sind die Bienen in der Schwarmzeit von Mitte April bis Mitte Juli immer ein wenig unberechenbar. Wenn ein Imker nicht von einem Schwarm überrascht werden will, muss er darum regelmäßig kontrollieren, ob seine Völker einen Auszug vorbereiten, und nachschauen, ob an den Rändern von Brutwaben Schwarmzellen auftauchen und sich darin Eier befinden. Sind welche da, ist auch der Schwarmtrieb da.

Jetzt gilt es, jede Wabe im Brutraum zu ziehen, alle Schwarmzellen zu finden und diese auszubrechen. Wenn das gelingt, dann werden die Bienen in den nächsten neun Tagen nicht ausziehen, denn so lange dauert es, wie wir schon gehört haben, von der Eiablage bis zur Verdeckelung einer Weiselzelle, in der eine neue Majestät heranwächst. Und ohne verdeckelte Weiselzelle kein Auszug der alten Königin. Wenn bei der Nachschau aber eine Schwarmzelle übersehen wurde, dann heißt es nach ein paar Tagen: »Auf geht's!« und unser Imker kann den Schwarmfangkorb herausholen.

Mit einer einzigen Nachschau ist es aber nicht getan. Ein Volk kann durchaus drei oder vier Wochen lang »schwarmtriebig« bleiben. Findet der Imker bei der nächsten Nachschau wieder verdeckelte Schwarmzellen, werden diese wieder ausgebrochen, und so geht es weiter, bis bei einer Nachschau keine Weiselzellen mehr gefunden werden. Jetzt ist der Schwarmtrieb erloschen. Grund dafür ist vor allem, dass in den drei, vier Wochen, in denen das Volk das Schwärmen immer wieder vorbereitete, die vollen Brutflächen, die mit zum Erwachen des Schwarmtriebes führten, wieder frei werden. Man muss sich das so vorstellen: Sind alle freien Brutflächen »besetzt«, erwacht der Schwarmtrieb. Drei Wochen lang verhindert der Imker das Schwärmen durch das Ausbrechen der Zellen, während die Königin aufgrund der Schwarmabsicht des Volkes nur wenige Eier legt. In diesen 21 Tagen schlüpfen viele junge Bienen, sodass große Brutflächen wieder frei werden. Die Königin hat jetzt wieder Raum zum Legen. Die Ammenbienen haben Larven, die sie pflegen können. Der Potenzialstau, der zum Schwarmtrieb führte, ist vorüber – der Schwarmtrieb erlischt.

Die Spaßbremse als Retter in der Not

Den Bienen Raum zu geben und das regelmäßige Brechen der Schwarmzellen bei einem schwarmtriebigen Volk ist die, wenn man so will, »klassische« Form der Schwarmverhinderung in der Imkerei. Daneben gibt es eine ganze Reihe anderer Möglichkeiten, das Erwachen des Schwarmtriebes zu verhindern oder dafür zu sorgen, dass er wieder erlischt, wenn er da ist. Diese sollen hier aber nicht im Einzelnen erläutert werden, denn die Feinheiten der imkerlichen Betriebsweisen würden den Rahmen dieser Betriebsbesichtigung sprengen.

Eine Sache soll aber noch etwas genauer angeschaut werden, weil sie uns auf eindrückliche Weise vor Augen führt, dass Bienen erstaunliche Überlebenskünstler sind. Wir haben gerade gehört, dass in dem Volksteil, der nach dem Auszug des Schwarmes zurückbleibt, nach einigen Kämpfen eine junge Prinzessin die neue Regentschaft übernimmt. Wenn, ja wenn sie vom Hochzeitsflug zurückkommt. In der Regel ist das der Fall, aber es passiert auch, dass sie nicht wieder erscheint. Vielleicht hat eine Schwalbe sie erbeutet und ihren Jungen als fetten Leckerbissen gebracht. Vielleicht hat Majestät auch den Anschluss an die Begleitbienen verloren und irrt jetzt umher, ohne jemals wieder nach Hause finden zu können.

Nun ist es eigentlich kein Problem für ein Bienenvolk, wenn die Königin stirbt. Gewöhnlich hat sie ja bis zuletzt noch Eier gelegt. Stirbt sie plötzlich, z.B. weil der Imker bei einer Nachschau unachtsam ist und sie erdrückt, dann ist das Volk schnell über den Tod der Majestät im Bilde. Sie gibt kein Pheromon mehr ab und die Konzentration des Königinnenduftes in der Fabrikhalle sinkt schnell. Das Volk beginnt, sich »weisellos« zu fühlen. Es wird unruhig, braust laut und beständig, wenn es gestört wird.

Die Bienen greifen jetzt zu einer Notfallmaßnahme, der sogenannten »Nachschaffung«: Gewöhnlich werden Arbeiterinnenlarven nur drei Tage lang mit Ammenmilch versorgt, die dem Königinnenfuttersaft ja sehr ähnlich ist. Jetzt aber, nach dem Verlust der Königin, kommt es für einige von ihnen anders. Die Ammenbienen wählen auf den Brutwaben einzelne Larven aus, die jünger sind als drei Tage, und versorgen diese nun statt mit Ammenmilch nur noch mit Gelee royale. Arbeiterinnenlarven werden bei plötzlicher Weisellosigkeit auf diese Weise zu Königinnen »umgepolt«. Wenn das in einem Volk passiert, erkennt man es daran, dass vor allem am Rand von Brutflächen »Nasen« aus der Fläche herausragen. Imker sprechen dann von »Nachschaffungszellen«: Die einfache sechseckige Arbeiterinnenzelle wird etwas geweitet und nach außen verlängert, damit die größere Königin, die jetzt heranwächst, auch genug Platz hat. Etwa zwölf bis vierzehn Tage nach dem Ende der alten Königin schlüpft eine neue. Zwischen den heranwachsenden Prinzessinnen gibt es jetzt keine Absprachen. Konkurrentinnen, die noch in anderen Nachschaffungszellen hocken, erledigt die erste schlüpfende Majestät mit einem Stich, nachdem sie die Wiegen aufgebissen hat. Danach wird sie bald zum Hochzeitsflug starten …

Für unser abgeschwärmtes Volk, dessen Königin vom Hochzeitsflug nicht zurückgekehrt ist, ist das alles aber keine Option, denn: Es kann nicht nachschaffen. Dazu müssten junge Larven in den Zellen der Brutwaben liegen. Aber die gibt es da nicht mehr. Die alte Königin hat ja den Stock bereits verlassen, als die jungen noch gar nicht geschlüpft waren. Und als diese schlüpften, etwa eine Woche nachdem der Schwarm die Honigfabrik verlassen hatte, wurden alle Larven, die noch von der alten Königin stammten, schon längst nicht mehr mit Ammenmilch versorgt. Es sind schlicht keine Larven mehr da, die noch »umgepolt« werden könnten.

Wenn jetzt der Imker nicht eingreift, geht das Volk zu Grunde. Das Pheromon der Königin fehlt so sehr, dass die Stockharmonie vollständig verloren geht und Anarchie ausbricht. Ammenbienen fangen an, andere Bienen mit Gelee royale zu füttern. So verpflegte Arbeiterinnen entwickeln Eierstöcke und: Sie können bald auch Eier legen. Allerdings wurden diese legenden Arbeiterinnen ja nie begattet. Sie haben keine gefüllten Spermaspeicher, wie sie die Königin hat. Darum legen sie nur unbefruchtete Eier, aus denen, wie wir wissen, nur Drohnen schlüpfen können. So werden diese legenden Arbeiterinnen zu »Drohnenmütterchen«.

Bei einem intakten Volk ist eine Brutfläche nahezu geschlossen verdeckelt und ganz eben. Legen in einem Volk nur noch unbegattete Arbeiterinnen Eier, dann hat es keine geschlossenen Brutflächen mehr: Weil Drohnen viel größer sind als Arbeiterinnen, die Drohnenmütter ihre Eier aber in Arbeiterinnenzellen legen, bekommen diese höhere Deckel. Es entstehen Inseln buckeliger Brutzellen, das Volk ist »buckelbrütig«. Ohne Königin, ohne Nachwuchs in der Arbeiterinnenschaft und ohne Stockharmonie bricht das Volk zusammen. Es wird kleiner, schwächer und irgendwann werden das die Nachbarvölker bemerken. Aber davon wird im nächsten Kapitel die Rede sein ...

Allerdings ist ein Volk, dessen Königin vom Begattungsflug nicht zurückgekehrt ist, durchaus zu retten. Stellt der Imker fest, dass auch drei oder vier Wochen, nachdem der Schwarm den Stock verlassen hat, keine junge Brut im Volk ist, dann kann er die sogenannte »Weiselprobe« machen, also prüfen, ob eine Königin vorhanden ist. Dazu entnimmt er einem anderen Bienenvolk eine Brutwabe mit jüngsten Larven, also denen, die noch mit Ammenmilch gefüttert werden. Alle Bienen werden von dieser Wabe gefegt, und dann wird sie in die Honigfabrik eingehängt, bei der unklar ist, ob es eine Chefin gibt oder nicht. Gibt es eine, dann werden die Bienen die Brut normal pflegen und das Brutnest wird keine Auffälligkeiten zeigen. Gibt es aber keine, dann werden die Bienen nachschaffen. Der Imker wird dann bei der Nachschau nach einigen Tagen feststellen, dass kleine Nasen aus der hinzugesetzten Brutfläche schauen. Das Volk ist dabei, eine neue Chefin zu erbrüten. Ist die Prinzessin geschlüpft und hat sie sich ihrer Konkurrentinnen entledigt, dann fliegt sie bald los, die Jungs suchen. Und wenn diese Majestät zurückkommt, dann ist bald alles wieder in Ordnung.

Faule Eier im intakten Volk

In einem Volk ohne Königin fangen Arbeiterinnen irgendwann an, Eier zu legen. Es kommt aber durchaus vor, dass Arbeiterinnen auch im intakten Bienenvolk Eier legen. Allerdings sehr selten. Diese Eier werden, da unbefruchtet, zu Drohnen. Oder sie könnten zu Drohnen werden, wenn sie nicht schon als Ei von Arbeitsbienen wieder aufgegessen werden würden.

Das Eierlegen und das Eieressen durch Arbeitsbienen erklärt die Soziobiologie auf der Basis der Ideen zum egoistischen Gen (Dawkins 2014) und zur Verwandtenselektion (Hamilton 1996). Die Grundgedanken sind einfach und auch deshalb genial, aber die Folgeüberlegungen hoch komplex und füllen leicht ein eigenes Buch, das wenig kurzweilig ausfallen dürfte.

Rascher eingängig ist dagegen folgender prosaische Aspekt: Verhindert man die Zerstörung von Eiern, die von Arbeiterinnen gelegt wurden, und vergleicht deren Entwicklung mit derjenigen von Eiern, die die Königin gelegt hat, dann fällt auf, dass aus nahezu allen Königinnen-Eiern gesunde Larven schlüpfen, aber lediglich aus einem Viertel der Eier, die Arbeiterinnen gelegt haben. Drei Viertel dieser Eier haben sich nicht entwickelt (Pirk et al. 2004). So veranlasst auch das in der Enge der Bienenkolonie extrem wichtige Hygieneverhalten Arbeitsbienen dazu, »faule« Eier ihrer Schwestern aufzufressen. Das Monopol der Königin auf Mutterschaft bleibt auf diese Weise ungefährdet.

Fummelei mit kleinsten Larven – Wie Königinnen gezüchtet werden

Die Fähigkeit des Biens, bei plötzlichem Verlust einer Königin aus einer Arbeiterinnenlarve eine neue Chefin zu schaffen, machen sich Imkerinnen und Imker zu

Nutze, um Bienen zu züchten. Dabei wird einem Volk die Königin entnommen. Bald wird es in diesem Volk Nachschaffungszellen geben, die der Imker aber nicht zum Schlupf kommen lässt. Neun Tage, nachdem die Königin entnommen wurde, werden alle Nachschaffungszellen entfernt und das Volk bekommt einen »Zuchtrahmen« eingehängt. Das ist ein Rähmchen, in das ein bis zwei Querstreben eingebaut wurden. Auf jeder dieser Querstreben gibt es eine Reihe von künstlichen Weiselnäpfen. Die kann der Imker aus Wachs hergestellt oder im Imkerfachhandel als Kunststoffprodukt gekauft haben. In jedes diese Näpfchen hat nun der Imker eine Bienenlarve gelegt, die nicht älter ist als drei Tage.

Dazu wurde ein Volk ausgewählt, von dem man gerne nachziehen möchte, weil die Eigenschaften der Bienen diese Volkes passend sind: Sie sollten vor allem sanftmütig sein, schwarmträge und Sammeleifer zeigen. Aus diesem Volk wird eine Brutwabe mit jüngster Brut gezogen. Dann geht mit Vergrößerungsbrille, Geduld und ruhiger Hand die Sucherei los. Ist eine Fläche mit klitzekleinen Larven gefunden, dann werden diese mit Hilfe eines »Umlarvlöffels« – das ist tatsächlich ein winziges Löffelchen – zusammen mit etwas Ammenmilch aus der Zelle gehoben und in ein Näpfchen auf dem Zuchtrahmen gelegt (vgl. Bild 23).

Ist die Fummelei beendet und das Rähmchen ins neun Tage weisellose Volk eingehängt, dann beginnen die Bienen dort, die angebotenen Larven zu Königinnen umzupolen. Sie ziehen Weiselzellen an (vgl. Bild 23). Sind diese nach einigen Tagen verdeckelt, wird jede Weiselzelle vom Imker mit einen kleinen Käfig umgeben, in den auch einige Bienen mit hineinkommen. Diese werden von den Schwestern, die nicht eingesperrt wurden, weiter gefüttert und haben eine besondere Aufgabe: Zwölf

Tage nach dem Umlarven schlüpfen die jungen Königinnen und werden von den Bienen im Käfig in Empfang genommen und versorgt.

Jetzt ist der Imker wieder dran: Die Prinzessinnen mussten in einen Käfig hineinschlüpfen, einerseits, damit sie sich nicht gegenseitig umbringen, und zweitens, damit der Imker sie leichter handhaben kann. Die Rähmchen des Volkes werden jetzt nämlich mit den darauf sitzenden Bienen auf kleine Kästen, die nur zwei oder drei Rähmchen fassen können, verteilt. In jedes dieser Kästchen lässt man eine Königin hineinlaufen. Dann bringt man sie an einen anderen Ort, damit die Flugbienen auch wirklich in der neuen Behausung bleiben und nicht nach dem alten Zuhause suchen. Einige Tage nach dem Umzug werden die jungen Königinnen brunftig, und wenn es gut geht, schlüpfen vier Wochen später die ersten jungen Bienen in den vom Imker neu gezogenen Völkern.

Auf diese Weise können Imker, die Schwärme verhindern, kontrolliert Jungvölker nachziehen. In der Imkerei ist diese Möglichkeit der Zucht sehr bedeutend. Und nicht nur deshalb, weil es ein Interesse an leistungsstarken Völkern gibt. Die gezielte Zucht von Bienen hilft möglicherweise auch, den neuen Herausforderungen und Gefahren zu begegnen, denen die Honigbienen heute ausgesetzt sind. Darum soll es in den beiden folgenden Kapiteln gehen.

V KAPITEL V

BETRIEBSSPIONAGE, RAUBÜBERFÄLLE UND ALIENS AUS ASIEN –
BIENEN IM KAMPFMODUS

Ein Sommersonntag Ende Juli. Schon am Morgen ist es wunderbar warm und die strahlende Sonne lädt ein zu einem Frühstück auf der Terrasse. Ein schön gedeckter Tisch, duftender Kaffee, man lässt sich Zeit, liest die Sonntagszeitung und bemerkt nicht, dass Merkwürdiges auf dem Tisch vor sich geht: Am offenen Honigglas taucht eine Biene auf, holt sich eine Portion der Köstlichkeit und fliegt davon. Bald kommt sie wieder, aber sie ist nicht allein. Ein, zwei Schwestern haben sich jetzt zusammen mit ihr eingefunden. Die drei haben eine wunderbare Trachtquelle aufgetan! Nicht nur Nektar, nein: reifer Honig, den sie nur noch nach Hause tragen und ins Lager bringen müssen! Das werden sie den Kolleginnen erzählen!

Drinnen klingelt das Telefon: der übliche Sonntagmorgenanruf der Familie. Eine dreiviertel Stunde später, bei der Rückkehr an den verwaisten Frühstückstisch, herrscht dort das komplette Chaos. Das Honigglas ist umlagert von Hunderten von Bienen. Wild rennen sie übereinander und scheinen es nicht nur auf den süßen Energielieferanten, sondern auch auf die Schwestern abgesehen zu haben. In der Luft über dem Frühstückstisch sieht man kreisende Geschwader, aus denen immer wieder Tiere hinabstoßen und suchend über den Tisch, das Besteck, die Teller und die Stühle laufen. Lautes Summen hängt in der Luft. Die drei von vorhin haben den Kolleginnen Bescheid gesagt und offenbar hat man auch in Nachbarfabriken Wind von dem Schatz bekommen. Jetzt geht es ans Plündern! Anblick und Geräuschkulisse sind furchterregend. Und dennoch: Kein Grund zur Panik. Was ist geschehen?

Ende Juli, im Hochsommer, haben fast alle Blumen und Bäume ihre Blühphase hinter sich. Für die Bienenvölker, die in dieser Zeit des Jahres ihre größte Stärke erreicht haben, ist das unerfreulich: Die Honigfabrik hat jetzt eine große, hochmotivierte Mannschaft, aber es gibt kaum noch Rohstoffquellen. Das Nektarangebot ist gering und die Spurbienen fangen jetzt an, listig zu werden. Ein Honigglas auf einem Frühstückstisch? Im Frühjahr würde dies den Spurbienen gar nicht auffallen. Überall Blüten, überall optische Reize und duftender Nektar. Trachtquellen genug, in denen der Duft eines einzelnen offenen Honigglases sang- und klanglos untergeht. Aber jetzt im Hochsommer: ein phantastischer Fund!

Für den heimgesuchten Frühstücker ist das Problem dann auch leicht und ohne Mithilfe der Feuerwehr zu lösen: Bienen vom Honigglas schütteln – keine Angst, sie suchen nur, sie stechen nicht –, Deckel drauf, Tisch abräumen und nach einer guten Stunde liegt die Terrasse wieder friedlich im Sonnenlicht. Von den Bienen weit und breit keine Spur mehr.

1. Unfreundliche Übernahmen – Wie Bienen sich beklauen

Anders geht es Bienenvölkern, deren Honigvorrat von fremden Spurbienen entdeckt wird. Jetzt, in der trachtlosen Zeit des späten Sommers suchen diese nämlich nicht nur nach Nektar in Blüten und auf Bäumen. Sie betreiben auch Betriebsspionage. Die Frage dabei ist: Wie stark sind eigentlich die Belegschaften der Honigfabriken in der Nachbarschaft? Das festzustellen ist für die Spurbienen nicht besonders schwierig: Sie versuchen einfach, durch das Fabriktor eines anderen Volkes zu kommen. Selbstbewusst setzen sie aufs Flugbrett der Nachbarn auf und marschieren in Richtung Flugloch. Jetzt kommt es auf zweierlei an: Gibt es genug Wächterinnen, die den Eindringling sofort am fremden Stockgeruch erkennen? Ist das Zusammenspiel im Volk intakt, sodass sofort auf Abwehr geschaltet werden kann? Ist beides der Fall, hat unsere Spurbiene keine Chance. Sie wird sofort angegangen, es wird gedroht, gerempelt und wenn sie jetzt nicht schnell das Weite sucht, dann spielt sie mit ihrem Leben.

Was aber, wenn die Abwehr nur zaghaft ist? Der Spurbiene gelingt es dann, durch die lückenhaften Reihen der Wächterinnen und in das Dunkel der fremden Honigfabrik zu marschieren. Ist sie erst einmal drin, droht ihr kaum noch Gefahr. Die wenigsten sind hier auf Abwehr eingestellt und die Spionin kann sich in Ruhe umsehen. Sie findet, was sie sucht: Im Honiglager entdeckt sie den Schatz der anderen, nimmt eine Probe und macht sich auf den Heimweg zu den Schwestern. Hier berichtet sie von ihrem Fund. Und wie sich Sammelbienen im Frühjahr auf das Blütenmeer eines Apfelbaumes einfliegen können, so wird jetzt das Honiglager des Nachbarvolkes ihr Ziel.

Immer mehr Sammlerinnen, die nun zu Räuberinnen werden, machen sich auf den Weg. Das angegriffene Volk kann dem nichts entgegensetzen. Bald ist es den Angreifenden zahlenmäßig unterlegen und um ihre Honigfabrik ist es geschehen. Die Sammelbienen des plündernden Volkes dringen in die angegriffene Honigfabrik ein. Hier und da gibt es Scharmützel mit den Wachbienen, auch auf den Waben kann es jetzt zu Kämpfen kommen, aber eine geordnete Abwehrschlacht gibt es nicht. Nach und nach erlahmt der Widerstand und irgendwann laufen die Angegriffenen zum Angreifer über: Warum sein Leben riskieren, wenn der Gegner eine gut funktionierende Gemeinschaft zu sein scheint? Das Honiglager wird jetzt in trauter Einigkeit ausgeräumt und der kostbare Schatz in das Lager der Angreiferinnen gebracht. Sogar die offenen Brutzellen werden geplündert. Am Ende ist die Honigfabrik ausgeräumt, das Wabenwerk zerstört. Zurück bleiben die Leichen einiger Wächterinnen und wenige geschlossene Brutzellen, in denen nach und nach die Puppen der Jungbienen verkühlen und im Tod erstarren.

2. Die Biene und die Bestie

Wie aber kann es sein, dass ein Volk so schwach wird, dass es seine Fabrik nicht mehr gegen räuberische Nachbarn verteidigen kann? Nun: Vielleicht ist es buckelbrütig, weil nach dem Schwärmen die neue Monarchin nicht vom Begattungsflug zurückgekehrt ist. Dann gibt es jetzt nur noch wenige einsatzbereite Arbeiterinnen in einem Volk, in dem es schon lange nicht mehr wirklich rund läuft. Vielleicht ist die Königin alt und hat nicht mehr die Kraft, so viele Eier zu legen, dass ihr Volk stark und damit wehrhaft bleibt. Vielleicht aber gibt es auch einen Feind, der sich schon seit geraumer Zeit inmitten des angegriffenen Volkes festgesetzt hat und es von innen her schwächt. Sein Name ist: *Varroa*, genauer *Varroa destructor* – die Varroamilbe (vgl. Bild 24).

Ein Killer geht um die Welt

Seit gut 40 Jahren ist sie in Deutschland eine ebenso heimliche wie zerstörerische Mitbewohnerin in allen

Honigfabriken. Ein Blutsauger, ein Alien, der aus Asien gekommen ist. Dort hatte sie sich während der letzten Eiszeit zusammen mit *Apis cerana*, der östlichen Honigbiene, entwickelt. Die asiatischen Bienen liebten die knapp zwei Millimeter großen, mit ihrem ovalen Rückenpanzer ein wenig an fliegende Untertassen erinnernden Biester zwar nicht besonders, aber sie kamen und kommen mit ihnen klar. Man hatte ja Jahrtausende Zeit, sich im Laufe der Evolution aneinander zu gewöhnen. Die Milbe lebt von der Hämolymphe, dem »Bienenblut«, und kann darum ohne den Kontakt zu Bienen nur wenige Tage überstehen. Sie versucht sich so gut sie kann, im Volk zu verstecken. Die asiatischen Bienen aber können sie aufspüren und töten sie, wenn sie die Milbe finden. So herrscht ein Gleichgewicht des Schreckens, das den Bienen wie den Milben das Überleben in trauter Feindschaft möglich macht.

Apis mellifera, die westliche Honigbiene, hatte bis weit in das 18. Jahrhundert hinein keinerlei Kontakt mit *Varroa destructor*. Und das wäre wohl auch so geblieben, hätte diese sich auf ihren acht Beinchen Richtung Westen aufmachen müssen. Damit kann sie sich im Bienenstock auf der Wabe zwar recht fix bewegen, aber um Tausende von Kilometern zu überwinden, braucht sie Hilfe. Und die bekam sie: vom Menschen. Ende des 19. Jahrhunderts ist es ein Oberst des russischen Zaren, der sich auf abenteuerliche Weise einige Bienenvölker aus dem Ural in den Osten Kasachstans kommen lässt, um dort mit ihnen zu imkern. Der Beginn einer Erfolgsgeschichte: Die Imkerei blüht auch jenseits des Urals auf und die westlichen Bienen breiten sich in den kommenden Jahrzehnten immer weiter nach Osten hin aus. Ende des 19. Jahrhunderts haben sie es bis nach Wladiwostok geschafft und sind damit in den Kernlanden von *Apis cerana* und der Vorraomilbe angekommen. Als 1904 die Transsibirische Eisenbahnlinie fertig gestellt ist, steigt die Zahl der westlichen Honigbienen im Osten noch einmal an. Auswanderer aus dem westlichen Russland, die in Sibirien ihr Glück suchen, bringen ihre Bienen mit. So werden die Begegnungen zwischen der westlichen und der östlichen Biene immer häufiger. Allerdings: Nicht sofort gelingt es der Varroamilbe, auch Stöcke der westlichen Honigbiene zu besiedeln. Nicht selten wird es schon bald nach den ersten Begegnungen vorgekommen sein, dass ein starkes Volk westlicher Bienen ein schwaches der östlichen überfallen und geplündert hat. Und immer wieder werden sich einige Milben auf einigen der westlichen Diebinnen festgesetzt und Huckepack in den Stock von *Apis mellifera* geflogen sein. Aber Varroamilbe ist nicht gleich Varroamilbe. Es gibt unterschiedliche Milbentypen, alle sind hoch spezialisiert und nicht jede schafft es, mit einem anderen Wirt als mit *Apis cerana* zusammenzuleben. Eines Tages aber gelingt der Sprung: Ein Typ von *Varroa destructor* findet auch bei der westlichen Honigbiene die Bedingungen, die sie zur Vermehrung braucht. Und sie findet damit das Paradies, denn *Apis mellifera* hat keine Ahnung, wen sie sich da ins Haus geholt hat und wie man den zerstörerischen Gast wieder los wird.

Als dann in den 1960er Jahren in Russland die Kunde von fantastischen Honigernten, die man mit sibirischen Bienen erzielen könne, die Runde macht, setzt Varroa zum Sprung in den Westen an. Infizierte Völker, die Imker in Sibirien kaufen und nach diesseits des Urals importieren, bringen die Milbe nach Europa.

Auf den amerikanischen Kontinent kommt sie auf andere Weise, aber ebenfalls mit Hilfe des Menschen. 1622 haben Auswanderer aus Europa die Honigbiene nach Amerika gebracht, wo es diese Art staatenbildender Bienen bis dahin nicht gab. In der zweiten Hälfte des 19. Jahrhunderts gelangen Nachfahren dieser ersten Völker dann nach Japan, wo man bis dahin nur mit der östlichen Honigbiene imkerte. Auch hier passiert zunächst einmal: nichts. 1958 aber findet man in Japan zum ersten Mal Varroamilben auf westlichen Honigbienen. Als 1971 dann ein in Paraguay lebender japanischer Imker Bienen aus seinem Heimatland einführt, hat es die Varroamilbe auch über den Pazifik geschafft. 1987 findet man sie im Süden der USA und seit den 90er Jahren des letzten Jahrhunderts ist sie in ganz Amerika verbreitet.

So hat *Varroa destructor* in gut 50 Jahren fast die ganze Welt erobert und die Imkerei vor ungeheure Herausforderungen gestellt. Lediglich Australien bleibt bisher von der Invasion verschont. Was aber ist es, was den Eindringling so gefährlich macht?

Vampire in der Bienenbrut – Was die Varroamilbe so gefährlich macht

Varroa destructor lebt, wir hörten es schon, von der »Hämolymphe«, der nährstoffhaltigen Körperflüssigkeit der Bienen, dem »Bienenblut«. Sie kann mit ihren Mundwerkzeugen erwachsene Bienen »anstechen«, sich auf diesen festsetzen und sich so mit Nährstoffen versorgen. Abgesehen hat sie es aber vor allem auf die Bienenbrut, denn nur in der verschlossenen Zelle einer sich entwickelnden Arbeiterin oder eines sich entwickelnden Drohns kann sich die Milbe vermehren. Kurz vor der Verdeckelung einer Brutzelle schlüpft das Muttertier darum in diese Zelle hinein und lässt sich mit der Bienenlarve einschließen. In der Zelle legt sie zunächst ein Ei, aus dem eine männliche Varroamilbe schlüpfen wird. Diese ist viel kleiner als das Weibchen, wird nie von einem harten Chitinpanzer umgeben sein und die Zelle auch nie lebend verlassen. Danach legt das Muttertier weitere Eier, aus denen junge, weibliche Varroamilben schlüpfen. Diese jungen Milben-Damen gelangen, während die Zelle der jungen Biene verdeckelt ist, zur Geschlechtsreife und werden noch in der Zelle von der männlichen Milbe begattet. In einer Zelle mit Arbeiterinnenbrut, die etwa zwölf Tage geschlossen bleibt, können so ein bis zwei junge, begattete Milben entstehen, in einer Zelle mit Drohnenbrut, die zwei Tage länger verdeckelt ist, bis zu drei. Wenn die junge Arbeiterin oder der junge Drohn schlüpfen, verlassen das Muttertier und bis zu drei junge Milbentöchter die befallene Zelle. Die männliche Milbe bleibt zurück: Sie wird von den Putzbienen gefressen.

Die jungen, geschlechtsreifen Milben suchen sich nach einigen Tagen dann ebenfalls eine kurz vor der Verdeckelung stehende Brutzelle, und auch das Muttertier, das bis zu drei Vermehrungszyklen absolvieren kann, wird sich erneut nach einer Larve umschauen. In der Zelle angelangt, beginnt das beschriebene Spiel von neuem.

Das Problem für die westliche Honigbiene ist nun, dass sie nicht weiß, wie ihr geschieht, wenn die Honigfabrik von *Varroa destructor* befallen ist. Während die östlichen Bienen befallene Brutzellen vermutlich am Geruch erkennen und die meisten ausräumen, kann sich die Varroa in westlichen Völkern ungehindert vermehren. Eine einzige Milbe kann in drei Vermehrungszyklen bis zu neun Nachkommen schaffen, die in drei Zyklen wiederum je neun Nachkommen hervorbringen. Der Befall mit einer einzigen Milbe führt bei einem Volk der westlichen Honigbiene nach nur neun Vermehrungszyklen also schon zu einer Milbenpopulation von mehr als 700 Tieren. Da ein Vermehrungszyklus der Varroamilbe etwa drei Wochen dauert, heißt das: Aus einer Milbe, die eine Biene im Mai vielleicht bei einem Blütenbesuch, bei dem sie auf eine infizierte Kollegin aus einem andern Volk traf, mitgebracht hat, sind bis Ende Oktober 700 Milben geworden.

Damit bahnt sich eine Katastrophe an. Denn die Brut der Milben, die sich in den Brutzellen der Bienen entwickelt, lebt von der Hämolymphe der Bienenlarven und der Bienenpuppen. Befallenen Puppen wird buchstäblich der Lebenssaft ausgesaugt. Sie sterben daran in der Regel nicht, denn sie sollen sich ja zur Biene entwickeln und schlüpfen, damit auch die Milben zur Welt kommen. Aber sie werden geschwächt und ihre Metamorphose von der Puppe zum adulten Insekt wird behindert. Junge Bienen, die in der Brutzelle von den kleinen Vampiren befallen waren, sind darum kleiner als ihre unbehelligten Schwestern und deutlich kurzlebiger. Dazu kommt, dass die Milben das Eindringen von Krankheitserregern in die Bienenpuppen erleichtern. Diese zeigen, anders als Bienenlarven und erwachsene Bienen, absolut keine Abwehrreaktionen gegenüber Bakterien, sodass sich nicht nur bienenpathogene Viren, sondern auch jede Art von Bakterien, seien es Erreger von Bienenkrankheiten oder vollkommen harmlose, ungehemmt in den Puppen vermehren und diese massiv schädigen oder töten können (Gätschenberger et al. 2013). Häufig kommt es bei den befallenen Jungbienen darum zu Flügeldeformationen und anderen Verkrüppelungen. Diese Bienen sind nicht in der Lage, ihre Aufgaben im Stock wahrzunehmen.

Im ersten Jahr des Befalls ist das für ein Bienenvolk noch verkraftbar. Hat es im Oktober 700 ungebetene Besucher, so stehen denen immerhin noch 7.000 bis 10.000 Bienen gegenüber. Das Volk wird den Winter überleben. Ende März wird es vielleicht noch 5.000 Bienen umfassen, denen jetzt vielleicht 300 geschlechtsreife

Varroamilben gegenüberstehen. Denn auch deren Zahl ist im Winter zurückgegangen. Vermehren konnten sie sich in der brutlosen Zeit nicht und nicht alle erwachsenen Milben, die auf den Bienen sitzend und saugend überdauern, schaffen es durch den Winter.

Mit dem Beginn der Frühjahrsentwicklung nimmt dann aber ein Drama seinen Lauf, das zum Untergang des Bienenvolkes führen wird. Am Anfang ist alles noch recht harmlos. Die Königin des Volkes bestiftet ab Mitte April große Brutflächen. Zwar finden sich in vielen der Brutzellen nun auch Varroamilben, aber es gibt immer noch genug Jungbienen, die gesund und unbeschädigt schlüpfen, obwohl sich auch die Zahl der Varroamilben rasant vermehrt. Waren es Ende März 300, so sind es Anfang Mai bereits über 2.000 Milben, die im Volk ihr Unwesen treiben, Anfang Juni hat sich deren Zahl auf fast 20.000 erhöht. Auf zwei erwachsene Bienen kommt jetzt eine Milbe, und viele der Arbeiterinnen weisen jetzt schon Schäden auf. Dazu kommt: Um die Sommersonnenwende herum reduziert das Volk seine Brutleistung. Die Brutflächen werden kleiner. Immer weniger offenen Zellen stehen immer mehr Varroamilben gegenüber, die nach einer Brutmöglichkeit Ausschau halten. Es kommt zu ersten Mehrfachbesiedlungen einer einzigen Brutzelle durch mehrere Milbenmütter (vgl. Bild 24). Die Zahl der geschädigten Bienen wird größer, der Milbendruck auf die verbliebene offene Brut steigt. Im Juli und August, wenn das Volk die Winterbienen pflegen will, die ihm das Überleben sichern sollen, ist schon alles zu spät. Fast alle Zellen sind jetzt mit Milben befallen, fast keine Winterbiene schlüpft gesund. Spätestens im Spätherbst ist es so weit: Das Volk ist von den Milben überwältigt. Kranke Bienen fliegen aus und kehren nicht mehr zurück. Verkrüppelte Arbeiterinnen schleppen sich aus dem Flugloch, Nachbarvölker überfallen die wehrlos gewordene Honigfabrik. Das Volk bricht zusammen.

Zusammen stark sein – Bienen und Menschen im Kampf gegen die Milbe

So ist mit dem flächendeckenden Befall aller Bienenvölker durch die Varroamilbe in Deutschland eines klar: Ohne Unterstützung im Kampf gegen diese Bedrohung kann *Apis mellifera*, die westliche Honigbiene, nicht überleben. Und Anfang der 1980er Jahre sah es tatsächlich so aus, als sei es um die Bienen und die Imkerei in Deutschland geschehen. Winterverluste von 30 % aller Bienenvölker traten auf, viele Imker gaben ihre Imkerei auf. Wie konnte man dieser Sache Herr werden?

Nun gab es durchaus milbenwirksame Gifte und recht bald schon auch Mittel, die in den Bienenvölkern angewandt wurden. Zum Teil erwiesen sich diese Chemikalien als hochwirksam: Die Milben starben und die Bienen nahmen offenbar keinen Schaden. Aber stets zeigen sich bei der Anwendung von Giften in einem Bienenvolk zwei Probleme: Die Chemikalien reichern sich im Wachs an, was irgendwann dazu führt, dass sie auch im Honig nachgewiesen werden können. Honig mit Milbengift? Wohl kaum noch ein genießbares Nahrungsmittel! Außerdem besteht die Gefahr, dass wie immer, wenn Gifte gegen Schädlinge zum Einsatz kommen, die Schädlinge Resistenzen ausbilden. Irgendwann kann es dann die »Super-Milbe« geben, gegen die man noch härtere Gifte einsetzen muss. Gibt es also ein Mittel gegen die Milben, das sich nicht im Wachs anreichert und das nicht dazu beiträgt, eine »Super-Milbe« zu erschaffen?

Nun: Es liegt haufenweise im Wald und es sind Vögel, die schon lange wissen, dass man mit Hilfe dieses Mittels lästige Parasiten auf einfache Weise loswerden kann. Die

Rede ist von der Ameisensäure. Manchmal kann man an einem Ameisenhaufen beobachten, wie z.B. eine Amsel sich dort recht merkwürdig verhält. Sie wirft sich flach auf den Boden, patscht mit den Flügeln und tut so einiges, um die kleinen Krabbler auf sich aufmerksam zu machen. Es kommt, wie es kommen muss: Die Ameisen fühlen sich angegriffen und verteidigen sich, indem sie den Eindringling mit ihrer Säure bespritzen. Und genau das ist das Ziel der Übung: Die Amsel ist dabei »einzuemsen«, d.h., sie lässt sich mit Ameisensäure bespritzen und verteilt diese dann in ihrem Gefieder. Parasiten, die sich dort häuslich niedergelassen haben, finden das gar nicht gut. Wenn sie nicht an der Säure zu Grunde gehen, dann lassen sie sich fallen und suchen sich einen anderen Wirt, der weniger sauer daherkommt.

Was im Gefieder von Vögeln funktioniert, klappt auch im Bienenvolk

Verdunstet in einem Bienenkasten Ameisensäure, gibt es also Säuredämpfe in der Stockluft, dann lassen sich die Varroamilben von den Bienen und von den Waben fallen. Und noch besser: Die Ameisensäure in der Stockluft dringt auch in verdeckelte Brutzellen ein, wo sie die Milben und ihren Nachwuchs ins Jenseits befördert, ohne den Bienenlarven und -puppen etwas anzuhaben. Wie aber bekommt man die Ameisensäure in den Kasten? Man kann schließlich nicht in jeden Bienenkasten eine Horde Ameisen schicken.

Im Grunde ist es einfach und wieder kommen hier Imker oder Imkerin ins Spiel. Ist die Honigernte abgeschlossen und haben die Bienenvölker ihr Winterfutter eingelagert, dann folgt Ende August oder Anfang September die »Ameisensäurebehandlung«. 60 %ige Ameisensäure wird mit Hilfe eines Verdunsters in die

Bienenvölker eingebracht. Ein Verdunster kann dabei z.B. ein ganz simples Schwammtuch sein, wie man es im Supermarkt kaufen kann. Die Ameisensäure wird auf das Schwammtuch gegeben, dieses dann oben auf ein Volk gelegt, darauf kommt der Deckel des Bienenkastens. Ist die Temperatur der Außenluft ausreichend hoch und das Volk so stark, dass es im Kasten schön warm ist, dann beginnt die Ameisensäure zu verdunsten. Nach und nach erfüllen saure Dämpfe den Bienenkasten. Die Bienen finden das nicht wirklich toll und vermeiden es, in die Nähe des ungemütlich dünstenden Schwammtuchs zu kommen. Aber insgesamt nehmen sie durch die leicht ätzende Stockluft kaum Schaden. Ist das Schwammtuch aufgelegt und legt man jetzt etwas Alufolie unter den Kastenboden, kann man bald schon hören, wie die Milben fallen. Nach ein paar Tagen ist die Säure im Schwammtuch verdunstet. Dann wiederholt man den Vorgang. Das geht bei einem Volk, das auf zwei Zargen überwintern soll, vier Mal so. In einem Zeitraum von etwa drei Wochen verdunsten auf diese Weise etwa 250 Milliliter Ameisensäure. In der Regel ist das Volk nun fast milbenfrei. Es kann jetzt gesunde Winterbienen heranziehen und wird unbehelligt von den Aliens aus Asien gut über den Winter kommen.

Im Frühjahr allerdings beginnt das Spiel von neuem: Vielleicht hat unser Volk im späten Herbst noch ein wenig bei den Nachbarn vorbeigeschaut und geräubert. Vielleicht hatten die Nachbarn noch Milben zu Gast und die Räuberinnen hatten nicht nur Honig dabei, als sie nach Hause kamen, sondern auch eine Varroamilbe huckepack. Dann wird diese Milbe, sobald der Bruteinschlag erfolgt, mit der Vermehrung beginnen und nach zwei Monaten wird dieses eine Weibchen eine stattliche Zahl von Nachkommen haben. Erneut entsteht im Volk

»Milbendruck«, wie die Imker sagen. Was tun? Ameisensäure ist im Frühjahr keine Option, weil der Dampf auch in den Honig ziehen würde. Nun: Das Verhalten der Varroamilbe selbst ermöglicht dem Imker und seinen Bienen eine List. Die Milbe vermehrt sich in verdeckelter Bienenbrut. Sie hat im Laufe der Evolution »gelernt«, dass Dohnenbrut länger verdeckelt ist als die Brut von Arbeiterinnen, und sie hat gelernt, diese – vermutlich am Geruch – zu unterscheiden. So bevorzugen Varroaweibchen es, sich in Drohnenzellen kurz vor der Verdeckelung niederzulassen.

Die Bienen wiederum bauen im Frühjahr sehr gerne Drohnenzellen: Schließlich steht die Schwarmzeit noch bevor und die Kerle werden gebraucht. Wenn jetzt der Imker ein leeres Rähmchen ins Volk hängt, dann dauert es bei einem starken Bienenvolk keine Woche und es ist vollständig mit einer Wabe, die nur Drohnenzellen hat, ausgebaut (vgl. Bild 25). Die Königin legt in diese Zellen nur Drohneneier und – richtig! – die Varroamilben machen es sich in den Zellen gemütlich und – werden mitsamt der Drohnenbrut vom Imker aus dem Volk befördert, sobald die Zellen auf der Wabe verdeckelt sind. Das Rähmchen mit der Drohnenwabe wird herausgenommen, die Drohnenwabe ausgeschnitten und eingeschmolzen. Ein heißes Ende für die Milben. Anschließend wird das leere Rähmchen wieder ins Volk gegeben und das Spiel beginnt von neuem, so lange, bis die Bienen keine Lust mehr haben, Drohnen zu ziehen, was so gegen Ende Juni der Fall ist.

So bleibt die Varroa für die Bienenhaltung in Deutschland zwar ein Problem, aber ihren Schrecken hat sie verloren, jedenfalls dann, wenn Imker und Imkerinnen ihre Bienen im Kampf gegen die Milbe sorgfältig unterstützen. Mit Hilfe dieses »Fangwabenverfahrens«, das während des Sommers angewandt wird, und durch die Ameisensäurebehandlung im frühen Herbst gelingt Imkern und der westlichen Honigbiene gemeinsam das, was die östliche Honigbiene in der evolutiven Anpassung an ihren Parasiten schon seit jeher kann: Man kann den Befall klein halten. Zwar werden die Bienen auf diese Weise die Milbe nicht los, aber sie können mit ihr leben.

KAPITEL VI  VI

TOD DER KÖNIGINNEN? – BIENEN IM KAMPF UMS ÜBERLEBEN

Als die ersten menschenartigen Lebewesen in die Weltgeschichte traten, werden sie schnell begriffen haben, welchen köstlichen Schatz Bienen hüten. Ein Bienenvolk zu finden und Honig essen zu können, wird für die Jäger und Sammler der Savanne ein Fest gewesen sein. Honig muss diesen Menschen wie ein Geschenk der Götter erschienen sein, eine jenseitig-paradiesische Süße, die es sonst nirgendwo gab, geschaffen von Wesen, deren Fähigkeiten und Kunstfertigkeit man nicht verstand. Vielleicht rührt die Faszination der Bienen auf uns Menschen daher: Von Beginn der Menschheitsentwicklung an boten sie etwas ganz Außergewöhnliches. Bienen machten Menschen von Anfang an glücklich.

Heute, fast zwei Millionen Jahre später, wird dieses Außergewöhnliche vielleicht noch deutlicher und intensiver wahrgenommen als zu Zeiten unserer frühen Vorfahren. Zunächst hat die Findigkeit von Imkern und Imkerinnen die Bienen aus der Wildnis in die Nähe der Menschen geholt und erste einfache Betriebsweisen möglich gemacht. Wissenschaftliche Naturbeobachtung und Forschung haben in den zurückliegenden fast drei Jahrhunderten das Verständnis für den Superorganismus Bienenvolk dann enorm erweitert und die Grundlage für moderne Betriebsweisen, eben die Honigfabriken, gelegt. In jüngster Zeit schließlich haben die Folgen einer sich beschleunigenden Globalisierung Menschen und Bienen mehr und mehr zusammenrücken lassen.

Für die Bienen gilt: Ohne die Hilfe des Menschen können Bienenvölker in weiten Teilen der Welt heute nicht überleben, weil die Varroamilbe sie töten würde. Und für die Menschen gilt: Ohne die Bestäubungsleistung der Bienen wäre es eine noch größere Herausforderung als ohnehin schon, die Ernährung einer wachsenden Weltbevölkerung einigermaßen sicher zu stellen.

Dabei ist es nicht so, dass die Menschheit ohne Bienen verhungern würde. Viele Nahrungspflanzen und insbesondere das Getreide werden bestäubt, indem der Pollen vom Wind von Pflanze zu Pflanze getragen wird. Insekten sind hier für die Bestäubung nicht nötig. Anders sieht es aus, wenn man z.B. an die Vitaminversorgung der Menschheit denkt. Der allergrößte Teil des natürlichen Vitamin C in unserer Nahrung ist in Pflanzen enthalten, die durch Insekten bestäubt werden müssen. 80 % der in Deutschland heimischen Obstsorten sind auf die Bestäubungsleistung der Bienen angewiesen. Gäbe es sie nicht, dann wäre es um Kirschen und Äpfel, um Pflaumen und Birnen schlecht bestellt. Die landwirtschaftlichen Erträge, die mit Hilfe der Bienenhaltung geschaffen werden, übertreffen die der Geflügelzucht und machen die summenden Gesellinnen nach Rindern und Schweinen zum drittwichtigsten Nutztier in der Obhut des Menschen.

Kein Wunder also, dass die Angst umgeht, wenn in der medialen Öffentlichkeit immer wieder das Verschwinden der Bienen verkündet wird und vom weltweiten Bienensterben die Rede ist. Doch: Was hat es mit dem Bienensterben eigentlich genau auf sich?

1. Der Mythos vom großen Sterben der Honigbienen

Statistiken scheinen hier zunächst eine sehr eindeutige Sprache zu sprechen: In Deutschland sank die Zahl der Bienenvölker in den letzten Jahrzehnten zunächst kontinuierlich. Pflegten die Mitglieder des Deutschen Imkerbundes 1971 noch etwas über eine Million Bienenvölker, so waren es im Jahr 2008 keine 700.000 mehr, die sich in der Obhut von Imkern befanden. Tatsächlich verschwanden innerhalb von etwas mehr als 30 Jahren also etwa 30 % aller Bienenvölker. Was aber sagen diese Zahlen: Berichten sie von einem Bienensterben oder hat dieses Verschwinden andere Gründe? Diese Frage stellt sich auch dann, wenn man die weitere Entwicklung betrachtet: Seit 2008 bleibt die Zahl der von Mitgliedern des Deutschen Imkerbundes (DIB) bewirtschafteten Bienenvölker konstant, ja, sie steigt sogar leicht. Wenn es ein Bienensterben gibt, warum setzt sich die Negativentwicklung der Vorjahre dann nicht fort?

Nimmt man die Zahl der Imkerinnen und Imker, die im DIB organisiert sind, und die Zahl der durchschnittlich von ihnen bewirtschafteten Völker hinzu, dann deutet sich eine Erklärung für dieses Phänomen an, die mit einem kontinuierlichen Völkersterben nichts zu tun hat. 1971 hatte der DIB etwa 90.000 Mitglieder. Bis 2008 war diese Zahl ebenso wie die der Bienenvölker kontinuierlich rückläufig. Nur als im Zuge der deutschen Wiedervereinigung die ostdeutschen Imker und Imkerinnen zum DIB stießen, gingen die Zahlen nach oben, um danach wieder deutlich zu sinken. 2015 aber hatte der DIB über 100.000 Mitglieder, mehr also als 1971! Allerdings: Bewirtschaftete ein Imker in Deutschland 1971 durchschnittlich etwa elf Bienenvölker, so sind es 45 Jahre später nur noch etwa sieben – ein Rückgang um 36 %.

Diese Zahlen erzählen weder von einem Aussterben der Honigbienen noch von einem Verschwinden der Imkerei! Die Zahl der Imkerinnen und Imker in Deutschland steigt vielmehr gegenwärtig um drei bis fünf Prozent jährlich und auch die Zahl der Bienenvölker nimmt wieder zu. Was die Statistiken aber vor Augen führen, sind die Folgen eines grundlegenden Strukturwandels. Dieser Strukturwandel hat zu tun mit der Entwicklung der Löhne und Einkommen, mit der Preisentwicklung unserer Lebensmittel und mit der Frage, wie viel Geld wir für unsere Ernährung auszugeben bereit sind. Und er beginnt nach dem Zweiten Weltkrieg mit dem sogenannten »Wirtschaftswunder« in der Bundesrepublik.

Vom Nebenerwerb zum Hobby – Strukturwandel in der Imkerei in Deutschland

1956 wurden in Deutschland mit rund 1,3 Millionen Bienenvölkern etwa 13.000 Tonnen Honig geerntet. Das bedeutet einen Durchschnittsertrag von 10 kg je Volk. Der Honigpreis lag in dieser Zeit auf die heutige Währung umgerechnet bei etwa € 3,20 je Kilo. Ein Imker hatte damals im Durchschnitt 15 Völker, wobei die Bienen zumeist im Bienenhaus in sogenannten »Hinterbehandlungsbeuten« und nicht in Magazinen gehalten wurden. Er konnte damit um die 150 kg Honig im Jahr ernten und mit seinen Bienen einen Erlös von ca. € 480,– erzielen. Wenn man sich nun vor Augen hält, dass der durchschnittliche Jahresverdienst eines Arbeiters 1956 bei etwa € 2.600,– lag, heißt das: Ein Imker konnte in den 50er Jahren des letzten Jahrhunderts sein Jahreseinkommen mit seinen Bienen um mehr als 18 % aufbessern!

1971, nur 15 Jahre später, hatte der Imker im Durchschnitt einen Ertrag von 167 kg Honig, für den er insgesamt angesichts in der Zwischenzeit leicht gestiegener Honigpreise etwa € 690,– bekommen kann. Das durchschnittliche Jahreseinkommen eines Arbeitnehmers betrug mittlerweile aber € 7.700,–. Mit Imkerei konnte ein Arbeitnehmer seine Jahreseinkünfte um gerade noch etwa 9 % aufbessern. 1975 sind es – das Lohnniveau liegt mittlerweile bei über € 11.000, während der Honigpreis gleich bleibt und die Honigernte niedrig ausfällt – gerade einmal 4 %.

Die Entwicklung ist deutlich: 1956 ist die Imkerei in Deutschland für viele Menschen ein lohnender landwirtschaftlicher Nebenerwerb. 18 % zusätzliches Einkommen für Standimker; Wanderimker, die Erträge von bis zu 35 kg je Volk erzielten, konnten ihr Jahreseinkommen sogar fast verdoppeln! 20 Jahre später aber wirft die Imkerei keine Erträge mehr ab und macht nur noch Arbeit. Und dann kommt Anfang der 80er Jahre auch noch die Varroamilbe. Die Folge: Viele Imker geben auf oder finden keinen Nachfolger mehr für ihre kleinen Betriebe. Die Zahl der Imker und die Zahl der Bienenvölker sinkt.

Zeitgleich mit dieser Entwicklung nahm aber auch eine andere Fahrt auf: Seit Mitte der 1970er Jahre – 1972 hatte der Club of Rome seinen Bericht »Die Grenzen des Wachstums« veröffentlicht – begann ein neues Nachdenken über das Verhältnis der Menschen zu ihrer Umwelt oder, wie es bald auch hieß, zu ihrer »Mitwelt«. Umweltschutz wird ein großes Thema und die ökologische Bewegung ist da. 1980 wird die Partei »Die Grünen« gegründet. Diese Wandlung in der Wahrnehmung von Natur und Umwelt führten den ein oder anderen näher an die Imkerei heran. Zugleich ändert sich bei den deutschen Imkern die Betriebsweise. Die Magazinimkerei – unsere Honigfabrik – setzt sich durch und das heißt auch: Die Imkerei wird wieder lohnender. 2009 liegt der Durchschnittsertrag je Volk bei etwa 24 kg, der Honigpreis bei durchschnittlich € 8,90 je Kilo. Ein Imker hat also 2009 – wieder bezogen auf 15 Völker – € 3.200,– mit Imkerei verdient. Sein Jahreseinkommen beträgt mittlerweile zwar € 41.000,–, der Lohn seines Hobbys entspricht aber wieder 8 % seines Jahreseinkommens, also fast wieder eine Verdoppelung gegenüber 1976.

So hat sich in Deutschland die Imkerei in den letzten 40 Jahren von einem landwirtschaftlichen Nebenerwerb weg hin zu einem lohnenden Hobby entwickelt. Dieses steht im Kontext eines sich verändernden Bewusstseins gegenüber der Natur und erfreut sich einer wachsenden Beliebtheit. Die Gefahr, dass Honigbienen in Deutschland aussterben könnten, gibt es darum gegenwärtig nicht.

Und auch in anderen Regionen der Welt sieht es interessanterweise ähnlich aus. Statistiken der Ernährungs- und Landwirtschaftsorganisation der Vereinten Nationen zufolge hat sich die Zahl der von Menschen bewirtschafteten Bienenvölker in den letzten 15 Jahren weltweit deutlich erhöht. In Afrika, in Südamerika und selbst in China, das größte Probleme mit der Verschmutzung seiner Natur hat, wächst die Zahl der Honigbienen. Von einem weltweiten Aussterben von *Apis mellifera* kann darum keine Rede sein!

Bedrohtes Leben – Warum Bienen es dennoch schwer haben

Alles in Ordnung also? Leider nicht. Denn auch wenn ein Aussterben der Honigbienen gegenwärtig nicht zu befürchten ist, so ist es um die Verwandtschaft der Honigbienen sehr schlecht bestellt. In Deutschland gibt es neben den Honigbienen etwa 560 Wildbienenarten. Hierbei handelt es sich um sogenannte »Solitärbienen«, um Insekten also, die anders als Hummeln oder Honigbienen keine Völker bilden, sondern allein unterwegs sind. Diese Einzelbienen sind teilweise hochgradig spezialisiert, was Brutpflege und Ernährung angeht: Um ihren Nachwuchs heranzuziehen, brauchen sie ganz bestimmte Orte und Bedingungen, und um sich und den Nachwuchs mit Nahrung versorgen zu können, die Anwesenheit ganz bestimmter Blüten oder auch anderer Insekten, die ihnen und ihrer Brut als Nahrung dienen. In einer immer strukturärmeren Landschaft und in immer eintönigeren, dafür aber pflegeleichten Gärten, finden diese Solitärbienen immer weniger Lebensmöglichkeiten. So sind über 35 % der Arten in Deutschland gefährdet und 6 % tatsächlich vom Aussterben bedroht. Für viele Solitärbienen geht es also gegenwärtig tatsächlich um Leben und Tod.

Und auch die Honigbienen leben nicht in einem Paradies! Wie stark sie auf die Unterstützung des Menschen angewiesen sind, um gegen die Varroamilbe bestehen zu können, wurde schon deutlich. Es ist aber ebenfalls der Mensch, der ihnen auf der anderen Seite sehr zusetzt, indem er die Welt der Honigbienen nach seinen Bedürfnissen umgestaltet. Fast der gesamte Lebensraum für Insekten und andere Tiere ist in Deutschland Nutzraum für den Menschen. Nur kleine Teile der Gesamtfläche der Bundesrepublik sind naturbelassen oder als Naturschutzgebiete ausgewiesen. Alles andere ist Industriegebiet oder Straße, Wohngebiet oder landwirtschaftliche Fläche, bewirtschafteter Wald oder für Freizeitaktivitäten genutzte Grünanlage. Das hat für Honigbienen sonderbare Konsequenzen. Noch vor nicht allzu langer Zeit gehörte zu jedem Bauernhof auch ein Bienenhaus. Die Honigbiene war ein Nutztier, das auf den Dörfern inmitten von Feldern und Wiesen – häufig eben als landwirtschaftlicher Nebenerwerb – gehalten wurde. Heute sind landwirtschaftliche Flächen für Bienen oft nur noch grüne Einöden. Früher blühte auf einer Wiese im Frühjahr der Löwenzahn, manchmal – zum Ärger der Bauern – so stark, dass die Wiesen wie große gelbe, in der Landschaft liegende Handtücher aussahen. Blieb das Gras stehen, um geheut zu werden, konnte man im Juni und Juli eine Vielzahl von Sommerblumen in den Wiesen finden. Bienen boten sich hier ein reiches Nektarangebot und eine nahrhafte und abwechslungsreiche Mischung an Pollen.

Heute wächst auf unseren Wiesen vor allem eines: Gras. Große Milchviehbetriebe und neuerdings auch Biogasanlagen brauchen Futter und Rohstoff. Damit diese in ausreichender Menge produziert werden können und damit ihre Betriebe wenigstens einigermaßen rentabel bleiben, müssen sehr viele Landwirte heute Grassorten anbauen, die bis zu sechs »schnittwürdige Auswüchse« pro Jahr erreichen. Auf Wiesen aber, die sechsmal im Jahr gemäht werden, wachsen keine Blumen. Bienen finden hier: nichts. Dies ist kein Vorwurf an eine moderne Landwirtschaft, die in einer globalisierten Welt ganz eigenen Zwängen unterliegt, sondern nur eine Feststellung: Landwirtschaftliche Flächen sind in Deutschland so effizient und intensiv genutzt, dass sie Insekten und eben auch Bienen sehr häufig keinen Lebensraum mehr bieten. Die Bienen auf dem Land haben es heute darum weit schwerer als die Bienen in der Stadt! Und entsprechend haben Imker in ländlichen Regionen, wenn sie nicht mit den Bienen Trachten anwandern, oft deutlich geringere Honigernten als Imker, die ihre Bienen in der Stadt oder stadtnah halten können.

Der Grund dafür ist simpel: In Städten finden Bienen, was sie brauchen. Denn in der Regel sind Städte sehr viel grüner und hinsichtlich ihrer Flora abwechslungsreicher, als man meint. Parkanlagen, Wohngebiete mit altem Obstbaumbestand in den Gärten, Friedhöfe, sich selbst überlassene Gewässerränder oder Brachflächen und nicht zuletzt die Straßenbäume bieten Bienen ein reichhaltiges, abwechslungsreiches und vor allem auch ganzjähriges Angebot an Nektar und Pollen. 2015 konnten die Imker in der Region Hamburg durchschnittlich 37 kg Honig je Volk ernten. Die Imker im Bereich Weser-Ems – einem eher landwirtschaftlich geprägten Raum – lagen mit 30 kg deutlich darunter.

2. Keine Entwarnung – Das große Sterben bleibt eine Möglichkeit

Zu welchen Extremen in der Bienenhaltung die Zurichtung der Natur nach den wirtschaftlichen Interessen des Menschen führt, zeigt der Kinofilm »More than Honey« des Schweizer Dokumentarfilmers Markus Imhoof auf sehr erschütternde Weise. Imhoof stellt einen amerikanischen Großimker vor, der seine Bienen nicht mehr in erster Linie hält, um Honig zu ernten, sondern sein Geld mit sogenannter »Bestäubungsimkerei« verdient. Hierbei geht es darum, zur Zeit der Blüte einer Nutzpflanze möglichst viele Bienen in eine Kultur zu bringen, um eine optimale Bestäubung der Blüten und damit einen hohen Fruchtertrag zu gewährleisten. Das ist an sich eine auch in Deutschland schon seit jeher betriebene Form der Imkerei und z.B. in den Obstkulturen des Alten Landes bei Hamburg üblich: Mit dem Beginn der Kirschblüte werden Bienenvölker in die Obstplantagen gebracht und sorgen, wenn das Wetter stimmt, dafür, dass Kirsch-, Apfel- und Birnenbäume reiche Frucht tragen können. So haben der Obstbauer eine gute Apfelernte und der Imker einen schönen Frühjahrshonig aus der Obstblüte, wobei er zusätzlich in der Regel je eingesetztem Bienenvolk noch eine Bestäubungsprämie vom Landwirt erhält. Eine industriell betriebene Bestäubungsimkerei gibt es in Deutschland allerdings nicht. In Amerika ist das anders.

Industriell genutzte Bienenvölker – Bestäubungsimkerei in Amerika

Der amerikanische Bestäubungsimker ist am Honigertrag nicht besonders interessiert. Ihm geht es vor allem darum, die bezahlte Bestäubungsdienstleistung zu erbringen, also möglichst viele Bienenvölker in möglichst viele aufeinander folgende Trachten zu stellen und dafür ein wöchentliches Honorar je Volk zu erhalten. So überwintern amerikanische Bestäubungsimker ihre Völker beispielsweise im warmen Florida, was klimatisch günstig ist und darum Futter spart. Im Februar werden die Völker dann auf Lkws verladen und 4.000 km quer über den Kontinent nach Kalifornien gebracht. Hier stehen die weltweit größten Mandelbaumplantagen. Eine gigantische Monokultur, die nur Ertrag bringen kann, weil zur Zeit der Mandelblüte mehr als die Hälfte aller in Amerika existierenden Bienenvölker hier konzentriert wird. Im März werden die Völker wieder verladen, um in Washington 1.000 km weiter nördlich Apfelplantagen zu bestäuben, im Mai geht es 2.000 km nach Osten in den Raps und in die Sonnenblumenfelder. Im Juni noch einmal 2.500 km nach Osten, um die Blaubeerplantagen in Maine zu bestäuben. Im Juli dann 1.000 km nach Süden in die Kürbisse Pennsylvanias und im August schließlich noch einmal 1.500 km zurück nach Florida. Auf diese Weise hat ein Bienenvolk in einem Jahr 12.000 km zurückgelegt. Es hat dabei fast ausschließlich in Monokulturen gestanden und ist entsprechend einseitig ernährt. Darüber hinaus wurde es mehrfach geteilt, d.h. es wurden ihm Brutwaben entnommen, um die Völker am Schwärmen zu hindern und um neue Völker zu bilden, für die Bestäubungsprämien in Rechnung gestellt werden können. Mehrfache Ortswechsel über Tausende von Kilometern mit entsprechenden klimatischen Veränderungen, einseitige Pollenversorgung, Verlust der Stockharmonie durch häufige Teilung der Völker – am Ende einer Saison sind so bewirtschaftete Bienenvölker vor allem eines: fertig mit der Welt.

Es wundert darum nicht, dass die Kunde vom »unerklärlichen massenhaften Bienensterben« zuerst aus Amerika zu uns kam. »Colony Collapse Disorder (CCD)« nennt man dort den Umstand, dass manche Bestäubungsimker jeden Winter bis zu 30 % ihrer Bienenvölker verlieren. Magazine, die im Oktober noch voller Leben waren, sind im Dezember, wenn die Bienen angefüttert werden und die Völker für die Mandelblüte stark gemacht werden sollen, einfach leer. Ein unerklärliches Phänomen?

Auch Imker in Deutschland, die nicht als Bestäubungsimker unterwegs sind, kennen diese Beobachtung: Nach der Auffütterung im August wirkt ein Volk stark, vital und für den Winter gerüstet. Dann wird es zum ersten Mal so kalt, dass die Bienen in der Wintertraube zusammenrücken. Merkwürdig: Man hatte erwartet, dass diese größer sein würde. Im Dezember dann – zwischenzeitlich war es immer wieder einmal wärmer und dann wieder kälter – ist der Bienenkasten auf einmal leer. Keine Bienen mehr da. Was ist passiert?

Vermutlich hatte dieses Volk schon im Sommer einen hohen »Milbendruck«, d.h., es waren viele Varroamilben im Volk. Dann hat möglicherweise die Ameisensäurebehandlung im Spätsommer nicht richtig funktioniert. Vielleicht war es zu kalt, sodass die Säure nicht ausreichend verdunstete, oder die Luftfeuchtigkeit war zu hoch. Die Folge: Es bleiben zu viele Milben im Volk und die meisten schlüpfenden Winterbienen sind durch die Varroamilben geschädigt. Zunächst ist die Zahl der Bienen zwar noch recht hoch, aber es geht ihnen nicht wirklich gut. Sie waren schon geschädigt, als sie schlüpften, und jetzt breiten sich Krankheiten im Volk aus, weil das Immunsystem der geschwächten Tiere sich nicht wehren kann. Viren machen den Bienen zu schaffen, schädigende Bakterien im Darm und Pilzbefall kommen hinzu. Kranke Bienen aber verlassen den Stock. Nach und nach verschwinden darum an frostfreien Tagen immer mehr Bienen, bis eines Tages keine oder fast keine mehr da sind (geo.de/Bienensterben, Internetresource). So gibt es in Deutschland immer wieder regional auffällig hohe Völkerverluste im Winter, aber eben kein unerklärliches »CCD«.

Das massenhafte Völkersterben bei Bestäubungsimkern in Amerika ist also gar nicht so geheimnisvoll: Alles deutet darauf hin, dass es die Konsequenz eines Systemfehlers ist. Eine exzessiv betriebene Bestäubungsimkerei arbeitet nicht mit den Möglichkeiten eines Bienenvolkes, sondern gegen diese. Denn ein Bienenvolk ist quasi ein atmender Organismus. Es braucht Wechsel der Jahreszeiten an einem klimatisch gleichbleibenden Standort, es braucht ein vielfältiges, im Jahreslauf wechselndes Pollen- und Nektarangebot und eine harmonische innere Struktur aus Alt- und Jungbienen, aus Drohnen und Brut, aus Wachstum des Volkes im Frühjahr und Rückgang der Volksstärke im Spätsommer. Nur, wenn diese »Atmung« im Wechsel der Jahreszeiten möglich ist, bleibt ein Bienenvolk vital und kann den Winter bewältigen. Wiederholte Standortwechsel in unterschiedliche Klimazonen, eintönige Ernährung in wechselnden Monokulturen und die rabiate Teilung der Völker ohne Rücksicht auf Jahreszeit und Volksstruktur können nur zu einem führen: zur Schwächung und im extremen Fall zum Tod der Völker.

Bienengesundheit – Der Mensch als Gefahr für den Superorganismus Bien

Aber es sind nicht allein Fehler in der Betriebsweise, die Bienenvölker töten können. Menschengemachte Veränderungen in der Umwelt der Honigbienen und insbesondere das Ausbringen von Pestiziden bergen für die Zukunft der Bienen unkalkulierbare Risiken.

Deutlich wurde das z.B. im Frühjahr 2008, als es Nachrichten von einem massenhaften Bienensterben auf die Titelseiten auch der überregionalen Zeitungen in Deutschland schafften: In der südlichen Rheinebene zwischen Rastatt und Lörrach waren Tausende von Bienenvölkern innerhalb weniger Wochen zu Grunde gegangen. Zu einer Jahreszeit, in der die Völker auf ihre Sommerstärke anwachsen und der Frühjahrshonig eingetragen werden sollte, war diese Region für Bienen zu einer Todeszone geworden.

Ursächlich für das Drama war der Wunsch südbadischer Landwirte, ihren Mais gegen den Westlichen Maiswurzelbohrer zu schützen. Die Larven dieses Käfers schädigen das Wurzelwerk der Maispflanzen so sehr, dass die Pflanze selbst keinen Ertrag mehr bringen kann. Verhindert werden sollte dies, indem schon das Saatkorn mit einer Schicht umgeben wurde, die das Insektizid Clothianidin enthielt. Auf solche Weise »gebeiztes« Saatgut kann, wenn es in der Erde keimt, vom Maiswurzelbohrer nicht befallen werden. Allerdings ist bei Ausbringung gebeizter

Saat Vorsicht angesagt. Löst sich nämlich die Beize vom Saatgut, sodass sich Stäube entwickeln, und wird dieser Staub in der Saatmaschine nicht gebunden oder abgesaugt, dann findet sich das Clothianidin nicht nur in der Erde beim Maiskorn, sondern als verwehter Staub auch auf den Blüten von Obstbäumen und Blumen. Genau das war in Baden geschehen: Die unsachgemäße Ausbringung der Maissaat hatte zu Staubverwehungen geführt. Bienen hatten in Blüten das Gift aufgenommen und ganze Völker waren daran zu Grunde gegangen.

Und nicht nur menschengemachte Umweltgifte gefährden Bienen. Für die Honigbienen ist eine Liste von Krankheiten bekannt, die länger ist als für jede andere bisher daraufhin untersuchte Insektenart. Ganz ohne menschliches Zutun können Nosematose oder Kalkbrut, Schwarzsucht oder Faulbrutkrankheiten ein Bienenvolk stark belasten oder gar töten. Die meisten dieser Krankheiten werden durch Bakterien verursacht und diese finden im warmen Milieu eines Bienenvolkes ideale Bedingungen für die massenhafte Vermehrung vor. Wenn man dann noch bedenkt, dass Bienen praktisch ununterbrochen Körperkontakt haben, sodass sich Infektionen in der Enge des Bienennestes wie Lauffeuer verbreiten können, dann ist es aus biologischer Perspektive betrachtet tatsächlich erstaunlich, dass es überhaupt noch Bienen gibt! Zumal sie auch nicht in allen Entwicklungsstadien ein exzellentes, extrem wirkungsvolles Immunsystem aufweisen. So besitzen die Puppen der Bienen absolut keine Immunabwehr gegen Bakterien. Das betrifft nicht nur Bienen-Pathogene, sondern jede Art von Bakterien, die sich, einmal in eine Puppe eingedrungen, dort ungehindert vermehren und so die Puppe töten (Gätschenberger et.al 2013). Das kommt normalerweise bei den hermetisch abgeschlossenen Puppen nicht vor, es sei denn, die Varroa dringt in den

Reinraum der Puppenstube ein und bringt Bakterien und Viren mit, die dann durch den Stich in die Puppen injiziert werden. Molekulargenetische Analysen des Erbgutes der Bienen haben ergeben, dass sie von allen bisher daraufhin untersuchten Insekten die geringste Anzahl an Genen besitzen, die das Immunsystem ausbilden. Wie schaffen es Bienen also, gesund zu bleiben?

Die Antwort auf diese Frage liegt auch in der besonderen Sozialform des Bienenvolkes: Dieses ist nicht einfach eine Ansammlung von bis zu 50.000 Einzeltieren wie z.B. eine Herde von Schafen. Vielmehr bilden diese vielen einzelnen Bienen zusammen einen »Superorganismus«, der Aufgaben wahrnehmen und Leistungen erbringen kann, die eine einzelne Biene allein niemals bewerkstelligen könnte. Wabenbau und Brutaufzucht gehören dazu und ebenso auch die Abwehr von Krankheiten. Der Bienenstaat hat zusätzlich zu den Abwehrmöglichkeiten der Einzelbiene sozusagen ein soziales Immunsystem, das auf der Basis ihres Zusammenlebens funktioniert. So ist ständig ein Teil der Bienen im Innendienst mit dem Putzen der Zellen und der Rähmchen beschäftigt, und auch gegenseitig halten die Bienen sich sauber. In einem starken Volk haben Bakterien und Pilzsporen darum in der Regel keine Chance, sich so auszubreiten, dass sie für die Bienen zu einer Gefahr werden. Dazu kommt die Anwendung von Propolis, mit dessen Hilfe die Bienen alles, was im Stock verwesen oder verrotten könnte, so umgeben, dass es keinen Schaden anrichten kann (Simone-Finstrom u. Spiwak 2010). Und schließlich: Es gibt in der Honigfabrik keine Krankenstation. Bienen, die für ihre Schwestern erkennbar krank sind, werden, wenn das Volk insgesamt intakt ist, von ihren Schwestern nicht geduldet. Wenn sie den Stock nicht von selbst verlassen, dann werden sie attackiert, hinausgedrängt und nicht wieder eingelassen. Bienen erkennen dabei offenbar am Geruch, ob eine Schwester Krankheitserreger bei sich hat oder nicht. Dazu kommt, dass kranke Sammelbienen in der Regel nicht mehr nach Hause finden. Man könnte sagen, das Bienenvolk stößt kranke Mitglieder ab wie unser Körper kranken Zellen durch Eiterbildung.

So gibt es für ein Bienenvolk im Wesentlichen nur vier Faktoren, die seine Gesundheit gefährden. Der erste ist eine nicht ausreichende Größe. Zu kleine Bienenvölker bilden einen zu schwachen Superorganismus und sind darum anfällig für Krankheiten. Imker und Imkerinnen sind deshalb immer bemüht, möglichst starke Völker zu haben. Sie haben es auch in der Hand, den zweiten Gefährdungsfaktor zu steuern, die Stockhygiene. Ein Volk kann so groß sein, wie es will: Wenn in der Honigfabrik Imkerin und Imker nicht dafür Sorge tragen, dass es regelmäßig neuen Wabenbau errichten kann, dann wird es nicht in der Lage sein, Brut- und Honigzellen sauber zu halten. Insbesondere alte, dunkel gewordene Brutwaben können für ein Volk als Brutstätten für Keime und Pilze gefährlich werden.

Der dritte Faktor, der in unseren Breiten seit etwa 50 Jahren die Bienengesundheit massiv gefährdet, ist die Varroamilbe. Das fünfte Kapitel in diesem Buch berichtet davon ausführlich.

Der vierte Faktor schließlich sind vom Menschen in die Umwelt eingebrachte Gifte, die zu solchen Ereignissen führen können, wie sie am Beginn dieses Kapitels geschildert wurden.

Was diesen Faktor angeht, ist eines klar: Es wird in einer Welt, die eine hoch entwickelte, intensiv betriebene Landwirtschaft braucht, um die Ernährung einer steigenden Weltbevölkerung zu sichern, keinen vollständigen Verzicht auf chemische Pflanzenschutzmittel, auf Herbizide und Insektizide mehr geben. Umso wichtiger ist es, die Wirkungen, die die Anwendung dieser Mittel auf Bienenvölker hat, zu kennen und diese Mittel klug und schonend einzusetzen. Tatsächlich gibt es weltweit zahlreiche Forschungsinstitute, die sich mit eben dieser Problematik des Bienenschutzes beschäftigen – und vor einer Herkulesaufgabe stehen. Denn unterdessen gibt es ein sehr klares Bewusstsein dafür, dass die Frage »Ist ein chemisches Mittel tödlich für die Bienen oder ist es das nicht?« zu kurz greift, will man die ganze Problematik chemischer Einflussnahmen des Menschen auf die Umwelt und ihre Folgen für die Bienen beurteilen. Nähert man sich als Wissenschaftler nämlich Fragen zur Bienengesundheit und denkt über konkrete Forschungsprojekte nach, gerät man recht rasch in einen Zustand heftiger Frustration. Denn der Gegenstand, um den es geht, das Bienenvolk als Superorganismus mit seinen vielfältigen inneren Abläufen und Wechselwirkungen, ist ja außerordentlich komplex. Eine einfache Analogie kann schon deutlich machen, worum es hier geht: Wir wissen, dass Kälte ein negativ wirkender Umweltfaktor für Bienen ist. Eine einzelne Biene wird bei abfallender Temperatur ab etwa plus 10 Grad Celsius steif. Sinkt ihre Temperatur unter etwa plus 4 Grad Celsius, stirbt sie. Hängt man aber ein Bienenvolk ungeschützt in ein Kühlhaus, überlebt das Volk Temperaturen von bis zu minus 40 Grad Celsius, solange es ausreichend Honig zur Verfügung hat, um Wärme zu erzeugen. Man erhält also im Hinblick auf den Schadfaktor »Kälte« komplett unterschiedliche Aussagen, je nachdem, ob man eine Einzelbiene oder das ganze Volk befragt.

Ähnlich verhält es sich mit vom Menschen geschaffenen schädigenden Faktoren. Nicht jeder die einzelne Biene beeinträchtigende Umweltfaktor stellt an sich schon eine Gefahr für ganze Bienenvölker dar. Andererseits besteht ein Bienenvolk auch nicht nur aus erwachsenen Tieren. Es gibt das Ei, die unterschiedlichen Larvenstadien, die Puppe.

Die Arbeitsbiene, die es auch noch als Sommerbiene und als Winterbiene gibt, durchläuft in ihrem Leben verschiedene Stadien, in denen sie in unterschiedlicher Weise mit ihrer Umwelt interagiert und über sehr unterschiedliche Abwehrmechanismen verfügt (Gätschenberger et al. 2013). Was die Ammenbiene nicht schädigt, kann die Flugbiene umbringen. Und was die erwachsenen Tiere nicht stört, kann für die Larven tödlich sein. Und auch Königinnen und Drohnen haben jeweils spezifische Ausstattungen und Eigenschaften.

Und wie steht es mit Wechselwirkungen verschiedener Mittel? Ein einzelnes Mittel allein auf eine Blüte gespritzt, verursacht möglicherweise keinen Schaden. Wird aber, was durchaus nicht selten ist, ein Giftcocktail ausgebracht, kann dieser fatale Folgen haben.

Dazu kommt die Frage nach den sogenannten »subletalen Effekten«. Nicht jedes Gift tötet sofort. Und dennoch kann es das Leben eines Bienenvolkes so nachhaltig negativ beeinträchtigen, dass dieses am Ende stirbt. Der Tod eines Bienenvolkes im Winter, der auch in der Natur durchaus vorkommt, hat seine Ursache dann tatsächlich vielleicht in einer Schädigung des Volkes durch Gifte, die aber so subtil war, dass sie als solche gar nicht erkannt wurde.

Wie komplex die Sachverhalte hier sind und wie heftig die Debatten darüber toben können, zeigt die Diskussion über den Einsatz der sogenannten »Neonicotinoide«. Diese relativ neuartige Gruppe von Pflanzenschutzmitteln, zu denen auch das eingangs erwähnte Clothianidin gehört, ist in landwirtschaftlicher Perspektive ein hoch wirksames, breit und sehr effektiv einsetzbares Gift. Es vermehren sich aber die Anzeichen dafür, dass Neonicotinoide gerade auf Bienen problematische subletale Effekte haben. So deuten Studien an, dass durch diese Mittel das Orientierungsvermögen von Bienen deutlich eingeschränkt wird (Schneider et al. 2012, Fischer et al. 2014, Tison et al. 2016). Die Diskussion über diese Fragen ist dabei nicht abgeschlossen. Die widerstreitenden Interessen der landwirtschaftlichen Verbände, der chemischen Industrie und des Naturschutzes treffen hier hart aufeinander. Und das ist gut so! Denn in einer offenen, durchaus harten, aber mit wissenschaftlich erhobenen Daten geführten Debatte wird es gelingen, das zu erhalten, was bisher ganz gut gelungen ist: den Bienen auch im Umfeld einer industriell geprägten Landwirtschaft Lebensraum zu geben und Überleben zu ermöglichen. Bei den vielfältigen Forschungsbemühungen in diesem Umfeld kommt es immer wieder auch zu sehr verblüffenden Entdeckungen.

Honigbienen – die Raupenkiller der Zukunft?

Wenn sich dicke Schmetterlingsraupen an den Blättern von Kohl, Salat & Co. satt fressen, können sie großen Schaden anrichten. Aber auch die proteinreichen Raupen selbst sind begehrte Beute. Unter anderem vor Faltenwespen müssen sie auf der Hut sein. Mit einem »Frühwarnsystem« aus feinsten Härchen registrieren sie die Luftbewegung, die beim Herannahen einer Wespe durch deren Flügelschlag entsteht. Die Raupen lassen sich dann auf den Boden fallen oder bleiben regungslos sitzen. So sind sie außer Gefahr – denn die Wespen jagen nur Beute, die sich bewegt (Tautz & Markl 1978).

Honigbienen haben in etwa die gleiche Körpergröße und Flügelschlagfrequenz wie Faltenwespen. Die Raupen können mit ihren einfachen Sinneshärchen nicht unterscheiden, ob sich eine gefährliche Wespe oder eine harmlose Honigbiene nähert. Kann man also Bienen einsetzen, um den Raupenfraß auf biologische Weise zu begrenzen?

Ein Experiment dazu sah wie folgt aus (Tautz u. Rostas 2008): In zwei großen Käfigen wuchsen Paprika und Sojabohnen. Beide Käfige waren mit den Raupen eines Eulenfalters besetzt, der bei Gemüsebauern als extremer Schädling bekannt ist. In einem Käfig durften die Raupen ungestört fressen. In den anderen konnten Honigbienen einfliegen, die dort eigens für sie platzierte Futterstellen besuchten. Der Flugverkehr störte die Raupen so sehr, dass sie bis zu zwei Drittel weniger Blätter vertilgten als die Raupen in dem anderen Käfig. Deutet sich hier an, wie die Kohlfelder der Zukunft aussehen könnten? Schön bunt mit Reihen von Wildblumen versehen, die die Bienen anlocken, die in ihrem Sammeleifer die gefräßigen Raupen stressen?

3. Zurück in die Zukunft – alte Wege, neu entdeckt

Wer ein Bienenvolk als einen atmenden Organismus begreift, wer verstanden hat, dass man nicht gegen die Möglichkeiten eines Bienenvolkes, sondern nur mit dessen Möglichkeiten imkern kann, der wird nicht nur eine industriell betriebene Bestäubungsimkerei kritisieren. Auch die intensive Bewirtschaftung von Bienenvölkern in Magazinbeuten, eben in den »Honigfabriken«, muss sich kritische Nachfragen gefallen lassen. Ist diese Form der Bienenhaltung nicht auch ein Umgang mit einem lebenden Organismus, der an dem Wollen und »Wesen« dieses Organismus vorbei geht, ihm Gewalt antut?

In einer Zeit, in der die Bienenhaltung sich vom landwirtschaftlichen Nebenerwerb hin zu einem Hobby entwickelt hat, verändern sich die Perspektiven auf den Umgang mit Bienen, die Motive sind andere, die Ziele der Bienenhaltung werden neu definiert. Für manche Imkerinnen und Imker heute ist z.B. der Honigertrag, den sie mit ihrem Hobby erwirtschaften können, gar nicht so entscheidend. Möglichkeiten einer extensiven Imkerei werden getestet. Welche Beutentypen sind dafür geeignet? Wie sieht die Betriebsweise einer solchen Imkerei aus? Andere wollen gar keinen Honig ernten, sondern nur ein Bienenvolk im Garten halten und sich an der Beobachtung freuen. Wie muss ein solches Volk begleitet werden, damit es in Zeiten der Varroa nicht zu Grunde geht? Und Fragen nach einer »natürlichen« oder »wesensgemäßen Bienenhaltung« stehen im Raum.

Nun bilden die Worte »natürlich« und »Haltung« an sich schon einen Widerspruch. Für kein Wildtier ist es natürlich, in menschlicher Obhut, und sei diese noch so rücksichtsvoll, gehalten zu werden. Sobald wir Tiere oder deren Produkte nutzen wollen, ist es mit der Natürlichkeit vorbei, wenn wir sie und ihre Produkte nicht direkt aus der Natur entnehmen. Dann aber überleben die Tiere unser Nutzungsinteresse in der Regel nicht. Wer den Honigvorrat eines wild lebenden Bienenvolkes plündert, nimmt sich etwas in der Natur Vorkommendes und überlässt das geplünderte Volk den natürlichen Abläufen. Will man das wirklich? Ein Volk ohne Vorräte wird, zumindest in unseren Breiten, im Winter vermutlich untergehen. Für das Volk nachhaltiger ist es darum, entweder, dass man es in Ruhe lässt und auf Honig verzichtet, oder aber, dass ihm nicht nur der Honig genommen, sondern auch Futter gegeben wird. Und schon sind wir bei der – unnatürlichen – Haltung.

Wann aber ist diese Haltung »wesensgemäß«? Die Debatte um diese Fragen ist aus der Haltung von Geflügel und Großvieh bekannt. Wieviel Platz braucht ein Huhn? Muss es scharren oder nicht? Wieviele Schweine passen in einen Stall, ohne dass der Stress zu groß wird oder sie sich gegenseitig anknabbern? Über diese Fragen ist viel geforscht und noch mehr gestritten worden. Tatsächlich gibt es heute Konzepte, das Nutzungsinteresse des Menschen und das Wohl des Tieres – als Nutztier – zu vermitteln. Ein Schweinestall mit Suhle, Außenauslauf, Ruhebereich und Platz zum Toben ist ein schönerer Anblick als eine Schnellmastanlage, und tatsächlich hat man den Eindruck, dass die Säue sich da ganz wohl fühlen.

Was aber heißt »wesensgemäß« bei Bienen? Gerade in den zurückliegenden zehn Jahren ist um diese Frage eine manchmal sehr laut und polemisch geführte Debatte entbrannt. Ist die an der Honigernte interessierte Haltung von Bienen in Magazinbeuten, eben in Honigfabriken, dem Wesen der Bienen angemessen oder nicht? Das Grundproblem dabei: Die Bienen können uns nicht erzählen, was ihrem Wesen gemäß ist. Darum besteht durchaus die Gefahr, dass es nicht selten die Vorstellungen der Bienenhalter sind, die auf das »Wesen« der Bienen abgebildet werden. Dieses Bild wird dann mit der Wirklichkeit verglichen und im Extremfall heißt es dann: Alles nicht mehr wesensgemäß.

So wird aus der Ansicht, Bienen müssten in natürlichen Höhlen leben, geschlossen, künstliche Bienenbehausungen seien der »eigenen Geometrie« der Bienen nicht angemessen und darum nicht wesensgemäß. Das ist in dieser Pauschalität sicher nicht richtig. Bienen sind sehr anpassungsfähig, sie können in sehr unterschiedlichen Höhlen gut überleben. Bei guter imkerlicher Praxis kommen sie in Magazinbeuten bestens zurecht und die Frage, ob diese Haltungsform für Bienenvölker Stressfaktoren beinhaltet und – wenn ja – welche das genau sind, muss beim derzeitigen Kenntnisstand offen bleiben.

Kritik findet auch die Tatsache, dass Imker sich bemühen, das Schwärmen der Völker zu verhindern. Richtig ist: Bienenvölker haben einen natürlichen Schwarmtrieb, um sich zu vermehren. Die Betriebsweise in der Honigfabrik will Schwärme vermeiden, um starke Völker zu erhalten. Was aber ist die Alternative? Die Völker einfach schwärmen lassen? Sicher ist es spannend, einen Schwarm zu beobachten und dem imkernden Nachbarn dabei zuzuschauen, wie er diesen einfängt. Wenn das ein oder zwei Mal im Jahr passiert. Wenn aber Imkerin oder Imker mit schöner Regelmäßigkeit durch Nachbars Garten stiefelt, um seine Mädels nach Hause zu holen, dann dürfte es mit der Ruhe und mit der Bienenhaltung in Wohngebieten bald vorbei sein. Hinzu kommt, dass wir nun einmal in einer Kulturlandschaft und in der Regel nicht im Wald leben. Wo also sollen Schwärme, die nicht eingefangen werden, hin? Es gibt in unseren Landschaften für Bienen praktisch keine natürlich vorkommenden Wohnmöglichkeiten mehr. Von vielen Schwärmen, die Imkern verloren gehen, bleibt darum oft nur eine einzelne in einem Baum hängende Wabe: Den Bienen ist es nicht gelungen, eine neue Behausung zu finden, und in ihrer Not haben sie angefangen, dort eine Wabe zu bauen, wo sie gestrandet sind. Bis der erste starke Regen sie davonspült. Und selbst wenn es einem Schwarm gelingt, eine Höhle – und sei es eine leere Komposttonne – zu finden und sich darin einzurichten: Wird er angesichts der Bedrohung durch die Varroamilbe überleben können?

Man wird vorsichtig sein müssen, unter dem Schlagwort der Wesensgemäßheit ein idealistisches Bild einer Bienenhaltung zu propagieren, das mit der Wirklichkeit der Welt, in der Bienen heute leben und leben müssen, nichts zu tun hat. Ja, diese Welt ist vom Menschen geformt und überformt. Und ja, das ist nicht immer wirklich toll, was wir da so angerichtet haben und noch anrichten werden. Aber ein »Alles auf Anfang« gibt es leider auch in der Bienenhaltung nicht.

Dennoch könnte eine neue Sensibilität für die ursprüngliche Lebensweise des Bien und eine Wiederentdeckung der Biene als Wildtier möglicherweise Wege zu einer Honigfabrik der Zukunft aufzeigen, die wir uns heute noch gar nicht vorstellen können. Eine gründliche Erforschung freilebender Bienenvölker und ein aufgeschlossenes sinnvolles Ausloten von Möglichkeiten im Umgang mit beimkerten Bienenvölkern wird uns zeigen, wie wir auch die Bedürfnisse der Bienen möglichst umfassend achten können. Erste Ansätze dazu, die uns schon zu spannenden Fragen geführt haben, gibt es durchaus.

Biene und Wald – Aus den Anfängen Neues lernen

Die Bienen, mit denen Imker und Imkerinnen heute umgehen, sind Nutztiere. Sie gehören zu Rassen der Gattung Apis, die von Menschen gezüchtet und landwirtschaftlichen Nutzungsinteressen angepasst wurden. Was aber geschieht, wenn man Bienen in ihrer natürlichen Umgebung eine natürliche, vom Menschen weitgehend unbeeinflusste Entwicklung nehmen lässt? Kann eine erneute »Verwilderung« der Bienen auf dem Wege natürlicher Selektion zu einer Biene führen, die – ähnlich wie die asiatische Honigbiene – mit der Varroamilbe ohne menschliche Hilfe zurecht kommt? Und erhalten solcherart verwilderte Bienen vielleicht einen wichtigen Genpool, der der Vitalität aller Bienenrassen zu Gute kommen könnte?

Fragen dieser Art führen nicht nur zu speziellen Überlegungen im Zusammenhang mit Zuchtbemühungen, sondern wecken auch ein neues Interesse an einer sehr alten und ursprünglichen Form der Bienenhaltung: an der Zeidlerei. Sie war noch bis in das 19. Jahrhundert auch in Deutschland verbreitet, allerdings vor allem in waldreichen Regionen, so im Nürnberger Reichswald oder im Grunewald bei Berlin. Zeidler, das Wort kommt vom lateinischen Wort für »herausschneiden« (excidere), ernteten den Honig von in Baumhöhlen wild lebenden Bienen, indem sie auf die Bäume kletterten und die Honigwaben aus den Höhlen herausschnitten. Aber nicht nur das: Sie schufen auch selbst Wohnhöhlen für Bienen, indem sie in lebende Bäume mit einer Klappe versehene und darum gut zugängliche Hohlräume aus dem Holz schlugen. Zeidler konnten auf diese Weise in einem ausgedehnten Waldgebiet zahlreiche Bienenvölker bewirtschaften. Sie waren in einer eigenen Zunft organisiert und hatten regional sogar das Privileg einer eigenen Gerichtsbarkeit.

Heute ist diese Form der Imkerei nur noch in einigen Regionen Osteuropas bekannt. Durchgehend erhalten blieb sie in Baschkirien im südlichen Ural, von wo sie im Rahmen eines WWF-Projekts nach Polen gebracht wurde. Verstreut über ganz Polen wird dort derzeit an mehr als 100 Bienenbäumen gezeidlert. Diese ursprüngliche Art der Bienenbewirtschaftung ist sicherlich nicht jedermanns Sache. Sie findet aber auch bei uns zunehmendes Interesse [Bienenjournal 1/2017] und sie kann einen Beitrag dazu leisten, dem Ökosystem Wald lokal einen wichtigen Baustein zurückzugeben. Außerdem kann eine wissenschaftlich begleitete neue Zeidlerei uns Einblicke in den Lebensraum »Bienenstock« geben, die uns bisher vollständig unbekannt sind. Honigbienen sind ja Waldinsekten und in einer langen Entwicklung daran angepasst, den Großteil ihres Lebens in hohlen Bäumen zu verbringen. Über lange Zeiträume hinweg haben sich die Bienen dabei nicht nur an diesen Lebensraum angepasst, sondern sind in ihren Höhlen auch Lebensgemeinschaften mit anderen Organismen eingegangen. Heute wissen wir von diesen ursprünglichen Lebensgemeinschaften so gut wie nichts, weil wir eben nicht mehr wissen, wie es in Bienenbäumen aussieht und was dort vor sich geht. Dabei gibt es im Inneren des Baumes ein kleines Ökosystem, dessen Komplexität wir bisher nur in Grundzügen erahnen können. Denn die Lebewesen, die sich die Baumhöhle teilen, besitzen nicht nur die gleiche Adresse, sondern ihre Existenzen sind eng miteinander verwoben. Das wird leicht klar, wenn wir uns die Zusammenarbeit von Bienen und Wachsmotten ansehen. Wachsmotten legen ihre Eier in alten Wabenbau. Die Raupen der Wachsmotte ernähren sich von den von schlüpfenden Bienen zurückgelassenen Puppenhäutchen und von Pollenresten. Dabei fressen sie sich kreuz und quer durch die Zellen. Ihre Fraßgänge kleiden sie mit einem Gespinst aus. Eine von Wachsmotten befallene Wabe ist irgendwann ein ziemlich eklig anzuschauendes Chaos aus Gespinst, Wachsresten, Raupenkot und den Hüllen der geschlüpften Raupenpuppen. Imker hassen das!

Was Imker verabscheuen, ist für Bienen in freier Wildbahn aber ein Segen. Eine natürliche waldbewohnende Bienenpopulation vermehrt sich Jahr für Jahr durch Schwarmbildung. Den Schwärmen stehen neue Bienenwohnungen dann zur Verfügung, wenn in Bäumen neue Höhlungen entstanden sind oder bisher besetzte Höhlen durch den Tod des Bienenvolkes frei werden. Neue Höhlen entstehen sicherlich nicht so oft, wenn der Zeidler nicht nachhilft. Und in den von Bienen verlassenen Höhlen hängt noch der alte verlassene Wabenbau der Vorbesitzer, den Schwärme nicht nutzen können. Hier kommen die Wachsmotten ins Spiel. Angelockt durch den Geruch der verlassenen Waben legen die Falter ihre Eier in die verlassenen Nester. Die Raupen schaffen durch die Zerstörung der alten Waben Raum für Neues.

Ähnliche Kooperationen können wir im Bienenbaum vielleicht auch für andere Lebewesen und ihr Zusammenwirken mit den Bienen entdecken. Bakterien, Pilze und ein ganzes Spektrum an Gliedertieren und anderen Kleinlebewesen stellen sich in den Bienenbäumen ein. Ob und inwieweit dabei ähnliche wie für die Wachsmotte beschriebene funktionell wichtige Zusammenhänge zum Leben der Bienen bestehen, ist bisher so gut wie unerforscht.

Es gibt aber erste Ansätze. Auf großes Interesse auch aus Sicht der praktischen Imkerei stößt ein Spinnentier (Schiffer 2017, Internetresource). Der sogenannte Bücherskorpion sieht mit seinen acht Laufbeinen und den beiden Scherchen aus wie ein Mini-Skorpion, was ihm seinen zoologisch unzutreffenden Namen eingebracht hat. Aber wie sein großes giftstachelbewehrtes Namensvorbild ist auch er ein Räuber. Das nur wenige Millimeter kleine Tier lebt von noch winzigeren Beutetierchen, die es mit seinen Scherchen erbeutet und per Giftdrüsen tötet. Dann werden die Opfer ausgesaugt, wie das die Spinnentiere eben machen. Bücherskorpione werden nun bei baumbewohnenden Bienenvölkern angetroffen, aber auch in alten Strohbeuten beimkerter Völker. Dort wurden sie von vergangenen Imkergenerationen als Bienennützling geschätzt, weil sie dabei halfen, die Bienen von Tracheenmilben zu befreien, einem Parasiten, der im Atemsystem der Bienen wohnt. Moderne Bienenhaltung gibt diesem Bienennützling keine Chance. Unsere Magazinbeuten, die Honigfabriken, sind im wahrsten Sinne lückenlos und bieten dem Bienenhelfer keinen Lebensraum. Und auch die Bekämpfung der Varroamilbe mit Ameisensäure bekommt einem Bücherskorpion nicht. Dennoch ist eine Rückkehr des Bücherskorpions in beimkerte Bienenvölker möglicherweise hilfreich, wenn es darum geht, die Bienen im Kampf gegen die Varroamilbe zu unterstützen – kann ein einziger dieser kleinen Räuber pro Tag doch bis zu zehn Milben niedermachen. Die Beobachtung von Bienen in ihrem Lebensraum Wald und in bezeidlerten Bienenbäumen kann hier zu neuen Erkenntnissen führen (vgl. Bild 26).

Und sie kann auch dabei helfen, Antworten auf andere offene Fragen zu finden. So z.B. die nach der Wirkung, die Rauch auf Bienen hat. Es gibt wohl kein bekannteres und typischeres Imkerutensil als die Imkerpfeife. Auch wer überhaupt nichts mit Bienen am Hut hat, weiß in der Regel doch: Imker blasen Rauch über ihre Bienen, weil das die Bienen beruhigt. Das ist aber Quatsch.

Rauch beruhigt die Bienen nicht, er versetzt sie ganz im Gegenteil in einen Alarmzustand. Denn Waldbrände sind für das Waldtier Biene eine der größten Bedrohungen. Wo Feuer ist, da ist auch Rauch, und sobald die Bienen diesen bemerken, beginnen sie, nach offenen Honigzellen zu suchen und sich ihre Honigmägen aus den Vorräten in den Waben zu füllen. Für Imker und Imkerinnen ist diese Reaktion sehr gewünscht: Ein Stoß Rauch und die Bienen ziehen sich in die Wabengassen zurück, zudem sind Bienen mit gefüllten Honigmägen unbeweglicher und darum weniger stechfreudig. Allerdings funktioniert das alles nur, wenn die Bienen offene Honigzellen haben. Versucht man im späten Herbst, wenn fast der ganze Wintervorrat verdeckelt ist, Bienen mit Rauch zu »beruhigen«, dann kann man sein blaues Wunder erleben! Denn die Bienen zeigen dann, wie sehr Rauch sie aufregt, und greifen an.

Warum aber zeigen sie gewöhnlich die Fluchtreaktion? Als Erklärung wird in der Literatur durchweg mitgeteilt, die Bienen bereiteten sich durch die Honigaufnahme auf die Flucht vor. Nun ist es durchaus so, dass fremde Bienen, die bei einem anderen Volk am Flugloch erscheinen, dann von den Wächterinnen eingelassen werden, wenn sie Honig dabeihaben. Ergreifen die Bienen also die Flucht in der Hoffnung, Unterschlupf bei einem anderen Volk zu finden? Abgesehen davon, dass ein solches Verhalten ein Maß an

Planung und Vorausschau voraussetzen würde, das wir dann doch nicht bei den Bienen vermuten sollten: Wie sollten Bienen auf die Idee kommen, ihre Königin zu verlassen, die ja auf jeden Fall nicht mitfliegen kann? Bienen sind ja, das dürfen wir nicht vergessen, die »Zellen« eines Superorganismus. Es ist nicht zu vermuten, dass die auf Gedeih und Verderb von diesem Superorganismus abhängigen einzelnen Bienen zu unabhängig handelnden Individuen werden, sobald sie nur Rauch bemerken. Und tatsächlich ist kein Fall wissenschaftlich belegt, in dem ein Auszug eines Bienenvolkes bei Feuer beobachtet worden wäre (vgl. Feuerschutzwand aus Propolis, S. 137). Dagegen gibt es nicht wenige Berichte über das tragische Verbrennen ganzer Bienenvölker, wenn im Wald aufgestellte Bienenbeuten bei Waldbränden vom Feuer erfasst wurden.

Das Bienenverhalten bei Rauchentwicklung hat darum möglicherweise physikalische Gründe. Es wäre spannend zu untersuchen, welche thermo-physikalischen Effekte auf den einzelnen Bienenkörper damit verbunden sind, wenn die Honigblase der Bienen maximal mit Honig gefüllt wird. Vielleicht erfolgt die Erwärmung der Bienen durch Hitze von außen dann langsamer, weil sie Körperfläche und -volumen durch die Honigaufnahme vergrößern? Dann könnten sie hoffen, einen schnell durchziehenden Brand in der Höhe eines Baumes, wo die Brandtemperaturen ohnehin niedriger sind als am Boden, zu überleben. Forschungen in bezeidelten Bäumen können hier vielleicht Hinweise geben.

Sehen die Bienen die Bäume vor lauter Wald nicht?

In Zeidlerwäldern könnten wir vielleicht auch noch mehr lernen darüber, wie sich die Bienen bei ihren Sammelflügen in einer dichten Waldregion zurechtfinden und wie sich unter diesen ursprünglichen Lebensbedingungen für

Bienen all das entwickelt haben könnte, was wir an unseren heutigen Bienen erforschen und entdecken. Die Erforschung des Orientierungsverhaltens der Bienen, sowohl ihres Vermögens, nach Hause zu finden, als auch ihrer Fähigkeit, Blüten und damit Nahrung anzufliegen, erfolgte typischerweise in offenem Gelände. Das ist auch gar nicht falsch, denn die Umgebung beimkerter Bienenvölker ist heutzutage in der Regel nicht der Wald, sondern eine offenere Landschaft. Das ist für Forscher angenehm, lassen sich hier doch künstlich angelegte optische Landmarken gut erkennen und beobachten. Wenn Waldlandschaft in Versuchsanordnungen eine Rolle spielt, dann nur der Waldrand als Leitlinie oder breite, freie, geradlinige Waldwege als Flugkorridore. Aber verstehen wir das Orientierungsvermögen der Bienen wirklich ganz, wenn wir es nur in solcher Umgebung erforschen?

Es ist sicherlich nicht ganz abwegig zu vermuten, dass in dichter Vegetation ganz andere Bedingungen und andere Anforderungen an die Orientierung der Bienen herrschen. Studiert man, wie Spur- und Sammelbienen Rekrutinnen für einen künstlich eingerichteten Futterplatz in dichter Waldvegetation gewinnen, dann macht man die Erfahrung, dass die Anzahl der Neulinge am Futterplatz pro Zeiteinheit niedriger ist als bei einer vergleichbaren Versuchsanordnung auf freiem Feld. Ganz offenbar ist für Bienen die Orientierung im Wald schwieriger als im offenen Gelände. Dort können sie ihre Routen an einer übersichtlichen Zahl an Landmarken ausrichten. Im Wald aber ist alles so voll mit Landmarken, dass die Frage aufkommt, wie die Bienen vor lauter Bäumen den Weg finden.

Sie scheinen aber eine Lösung für das Problem gefunden zu haben. Schaut man sich an, wie die Anflüge von erfahrenen und im Stock tanzenden Sammelbienen und der von ihnen rekrutierten Bienen zur Futterstelle aussehen, wenn sich der gesamte Anflug im dichten Wald abspielt, dann wird Interessantes erkennbar. Selbst über eine Entfernung von vielen hundert Metern fliegen die Bienen nämlich nicht über den Wipfeln der Bäume entlang, sondern suchen ihren Weg zwischen den Bäumen und Büschen hindurch. Die erfahrenen Bienen nähern sich mit sichtbar geöffneten Nasanov-Drüsen an ihrem Hinterleib dem Futterplatz und vollführen dort sehr ausgiebige Brauseflüge. Positioniert man sich als Beobachter nahe einer Futterstelle so, dass man die anfliegenden Bienen zwischen den Bäumen herankommen sehen kann, dann fällt auf, dass die Neulinge in bis zu maximal zehn Sekunden Abstand den erfahrenen Bienen hinterherfliegen – und zwar meist sogar im Detail folgend wie an einer Schnur gezogen. Fliegen die direkten Vorfliegerinnen in einem Bogen rechts um einen Baum herum, folgen Neulinge meist auf eben diesem Wege. Fliegt die Vorfliegerin links herum, machen die Neulinge es meist ebenso. Dabei fliegen die Bienen auf der letzten Flugstrecke, die man als Beobachter vom Futterplatz aus einsehen kann, häufig nur in ein bis zwei Metern Höhe. Möglicherweise sind Duftmarkierungen, die während des Fluges frei in die Luft abgegeben werden und in dichter Vegetation relativ stabil bleiben (das weiß jeder, der einmal in einem dichten Wald hinter einem Pfeife rauchenden Jäger hergelaufen ist), Wegweiser, die die Bienen einsetzen. So könnte der Nachteil der verwirrenden Menge an optischen Markierungen, die im freien Feld als Orientierungshilfen eine überragende Bedeutung haben, möglicherweise ausgeglichen werden. Auch hier öffnet sich ein spannendes Forschungsfeld für kommende Bienenbiologen im bezeidelten Wald.

BIENEN –
EIN LEBENSGEFÜHL

Sind Bienen selbstlos? – Ein Gespräch

DS: Sind Bienen selbstlos? Oder anders gefragt: Was halten Sie von der Übertragung geistiger Fähigkeiten oder gar von menschlichen Charaktereigenschaften auf die Honigbienen?

JT: Es ist ein wesentliches Merkmal von Wissenschaft, mit klar definierten und allgemein akzeptierten Begriffen zu arbeiten. Solche Begriffe sind oft sehr sperrig und die dahinterstehenden Konzepte hoch komplex, sodass sie außerhalb der engen Fachwelt schwer zu verstehen sind. Will man Sachverhalte für ein breites Publikum darstellen, dann drängt es sich geradezu auf, Begriffe einzusetzen, die auf der Basis allgemeiner Alltagserfahrungen rasch bestimmte Vorstellungen entstehen lassen. Diese sollten nicht allzu weit von einer fachlich sauberen Erfassung des diskutierten Sachverhaltes sein, können aber – wie in diesem Buch auch – meistens nicht vermeiden, dass die entstehenden Bilder dann doch etwas schief sind.

DS: Das klingt vorsichtig kritisch. Können Sie konkreter werden?

JT: Im Zusammenhang mit der Entstehung von Sozialverhalten auch bei den Honigbienen ist z.B. der Begriff des »egoistischen Gens« eingeführt worden. Natürlich kann ein Gen niemals egoistisch sein, aber die Auswirkungen, die der Wirkmechanismus bestimmter Genmutationen auf Individuen hat, können so erscheinen, als habe das »neue« Gen die Eigenschaft, egoistisch zu sein. Eine solche Formulierung fasst einen komplexen Sachverhalt aber extrem verdichtet zusammen: Im Laufe der Evolution waren und sind diejenigen Gene vorteilhaft, die ihren Trägern zu Eigenschaften verhalfen, die für die Erzeugung von Nachkommen hilfreich waren. So konnten Menschen, die ein Gen trugen, das die Verdauung von Milch auch im Erwachsenenalter möglich machte, sich in Nordeuropa ausbreiten, weil sie, als die Menschen begannen, Vieh zu halten, nicht nur das Fleisch und Blut dieser Tiere nutzen konnten, sondern eben auch die Milch. Das bedeutete einen enormen Vorteil in Hungerzeiten, weil man einen langfristig erneuerbaren Nahrungsvorrat besaß. Entsprechend mehr Nachkommen bekamen Träger dieses Gens und heute ist in Nordeuropa eine Lactoseintoleranz, anders als z.B. in Asien, eine Seltenheit. Ist darum aber das Gen, das die Verdauung von Milchzucker ermöglicht, egoistisch? Waren die Träger dieses Gens egoistisch? Oder waren sie einfach nur zufällig besser angepasst an die Härten ihrer Umwelt?

DS: Ich glaube, ich ahne, was Sie meinen. Können Sie dies auch im Hinblick auf die Bienen erläutern?

JT: Um uns den Bienen zu nähern, möchte ich die Verhaltensbiologie aufgreifen. Hier wird gerne auch von zielgerichtetem Verhalten und von Verhaltensstrategien gesprochen. Aber: Man kann getrost davon ausgehen, dass Tiere wie die Bienen nicht wirklich ein Ziel verfolgen und nicht wirklich nach einer geplanten Strategie handeln. Aber Tiere im Allgemeinen und auch die Bienen im Besonderen verhalten sich, wenn sie erfolgreich sind, so als hätten sie Plan und Ziel. In der Konkurrenz der Lebewesen untereinander überleben und vermehren sich diejenigen erfolgreicher als andere, die ihre Abläufe so gestalten, als würden sie einem Plan folgen.

DS: Das hört sich jetzt sehr akademisch an. Was jetzt: Können Bienen nun denken, planen und selbstlos sein?

JT: Ich möchte Ihnen nicht zu nahe treten, aber Ihre Fähigkeit zu denken, zu planen und Ihre Bereitschaft, selbstlos zu handeln, leite ich ab aus den Informationen, die ich von Ihnen und über Sie erhalten kann, und aus der Übertragung meiner Selbsterfahrung auf Sie. Das erscheint mir gerechtfertigt, da Sie und ich doch höchst ähnliche biologische Systeme sind.
Bei den Bienen ist das etwas anderes. Wenn etwas so aussieht »als ob« (wie im Falle der »egoistischen« Gene), müssen schon sehr überzeugende Gründe auf den Tisch, wenn dieses »als ob« nicht nur als Bild eingesetzt wird, sondern mit der Begriffsverwendung zugleich eine verbindliche Wahrheit über Mechanismen und innere Vorgänge ausgesagt werden soll. Bienen verhalten sich, als ob sie denken könnten, als ob sie planen würden und als ob sie selbstlos wären. Mehr können wir nicht sagen.
Das nimmt den Bienen aber keineswegs ihre Faszination, sondern ganz im Gegenteil: Mit dem Bienenstaat hat die Natur einen Superorganismus hervorgebracht, der (fast) alles richtig macht, auch wenn er wohl nicht wirklich denken und planen kann und seine Mitglieder nicht wirklich selbstlos sind. Diese Tatsache entzau-

bert die Bienen nicht, sondern vertieft in meinen Augen die Ehrfurcht und den Respekt vor der Natur und vor diesem Insekt.

*

Es ist Ende Januar. Ein Hochdruckgebiet bringt ruhiges, sonniges Winterwetter. Nachts liegen die Temperaturen bei etwa minus fünf Grad. Tagsüber steigen sie in der Sonne über den Gefrierpunkt. Was die Bienen wohl machen? Die Fluglöcher werden von der Sonne beschienen und tatsächlich: Das Licht und die Wärme locken die ersten nach draußen! Ja, einige heben sogar schon ab, drehen eine Runde um den Stand. Ob man schon Wärme spüren kann? Den Deckel abnehmen und eine Hand vorsichtig auf die Folie über die Wintertraube legen. Die Bienen sitzen schon nicht mehr so fest zusammen. Und ja, ist da nicht schon etwas? Ist die Temperatur über der Traube nicht schon höher als in der Umgebung? Ob die erste Brut schon gewärmt wird?

So wie die Bienen nach der Wintersonnenwende, noch verborgen in ihrer Honighöhle, in das neue Bienenjahr starten, das Brutgeschäft wieder beginnen und immer seltener in der Wintertraube eng zusammenrücken, so erfasst auch Imker und Imkerinnen jetzt eine fast schmerzhafte Erwartung. Sechs bis acht Wochen noch, dann ist es Zeit für die Frühjahrsnachschau! Acht Wochen!? Hat man als Kind Weihnachten sehnsuchtsvoll erwartet, so packt einen jetzt eine ungeduldige Vorfreude auf das Frühjahr, wenn es mit den Bienen wieder losgeht.

»Wer anfängt, Bienen zu halten und auch nach drei Jahren, wenn alle Anfängerdramen durchlebt sind, noch Bienenvölker hat, der hat keine Bienen mehr, sondern umgekehrt: Den haben die Bienen!« – So haben wir am Beginn dieses Buches geschrieben. Und so ist es: Der Umgang mit dem Superorganismus »Bien« erfasst den ganzen Menschen. Imkern, das ist für die allermeisten Imker und Imkerinnen nicht nur ein Hobby. Es ist ein Lebensgefühl, eine Weise, die Welt zu sehen.

Das mag daran liegen, dass der Umgang mit Bienen tatsächlich alle Sinne des Menschen anspricht und schult. Wir hören das beruhigende Brummen eines zufriedenen Volkes und das aggressive Sirren einer angreifenden Flugbiene. Nach und nach lehrt uns die Arbeit an den Völkern im Jahreslauf, die Sprache der Bienen zu verstehen. Der Ton eines Volkes verrät schon, wie es ihm geht, und ob sich eine Hummel nähert, eine Hornisse oder eben eine Biene: Wer gelernt hat, auf Bienen zu hören, der kann das am Fluggeräusch unterscheiden.

Wie das Hören sich verändert, so bringt der Umgang mit Bienen auch ganz andere Erfahrungen des Fühlens und Tastens. Natürlich spürt man die Stiche. Sie gehören einfach dazu. Aber man lernt, vorsichtig zu sein, das Rähmchen langsam zu greifen, und erlebt, dass eine ruhige Hand den Honigmacherinnen als Platz zum Ausruhen durchaus willkommen ist. Bienen lassen sich streicheln – wenn man weiß, wie es geht!

Dass die Völkerdurchschau eine sehr klebrige Angelegenheit sein kann, ist klar. Und zugegeben: Es nervt, wenn man vergessen hat, etwas Wasser zum Händewaschen mitzunehmen. Andererseits: Honig schmeckt. Und zwar immer anders, wie wir in diesem Buch beschrieben haben. So erschließen Bienen uns einen ganzen Kosmos an Aromen für unsere Zungen und für unsere Nasen. Der Duft von Propolis, der Geschmack von Löwenzahn-, von Kastanien- oder Waldhonig: Wer Bienen hat, lernt, die Jahreszeiten zu erschmecken.

Und er lernt, sie neu zu sehen! Ein beliebtes Internet-Spiel ist das Rücklichterraten. Anhand von Bildern, die die Rücklichter verschiedener Autos zeigen, soll die Automarke bestimmt werden. Man ist erstaunt, wie oft man richtig liegt! Tatsächlich gibt es Untersuchungen, die zeigen, dass sehr viele Menschen in der Lage sind, zahlreiche verschiedene Autotypen anhand kleiner Bildausschnitte zu erkennen. Ist das aber so erstaunlich? Wir sehen nur, was wir kennen. Wer der Welt nur noch vom Auto, vom Büro und vom Wohnzimmer aus begegnet, der kennt eben nur noch, was es aus dieser Perspektive zu erkennen gibt. Rücklichter statt Bäume. Könnten Sie fünf verschiedene Waldbäume anhand von Rindenstückchen, Früchten oder Blättern unterscheiden?

Wer anfängt mit der Imkerei, wird sehr schnell anderes kennenlernen und einen ganz neuen Blick für die ihn umgebende Natur gewinnen. Mit einem Mal wird das, was da alles blüht und wächst, interessant, weil es wichtig ist zu wissen, ob die Bienen an einem Standort Nahrung finden oder nicht. Mit einem Mal beschäftigt man sich mit der Frage, in welcher Reihenfolge im Jahreslauf welche Blumen, Büsche und Bäume blühen. Wird es Trachtlücken geben? Muss man die Bienen dann vielleicht umsetzen oder sogar füttern?

Im Laufe der Jahre entwickeln die meisten Imkerinnen und Imker ein lebendiges Verständnis und ein waches Gespür für die Abläufe in der Natur in den verschiedenen Jahren und Jahreszeiten. Kein Jahr ist gleich, kein Sommer wie der andere. Und dabei ist nicht die Frage, wie oft die Sonne scheint oder es regnet. Regenreiche Sommer können vitale Völker und hervorragende Honigernten bedeuten! Das Spannende ist, zu beobachten, warum das so ist – und darüber zu rätseln und zu staunen.

Denn: Bienen lehren uns, wieder zu staunen über die Wunder, von denen wir umgeben sind. Die Schratigkeit mancher Bienenhalter mag gerade darin ihren Grund haben: Erwachsene Menschen, die immer wieder erleben, was sie als Kind zuletzt erlebt haben. Bienen zeigen ihnen eine Welt voller Überraschungen, Geheimnisse und Rätsel. Bienen bringen ihnen in der entzauberten Wirklichkeit unseres Zeitalters ein Gefühl für den Zauber des Daseins zurück, dafür, dass alles mit allem zusammenhängt.

Darum hat der Umgang mit Bienen auch eine spirituelle Dimension. Bienen führen zu den großen Fragen. Bienen halten heißt auch, dem Leben beim Leben zuzuschauen – und mehr noch: zu erfahren, dass dieses Leben nicht ein irgendwie gehandhabtes Gegenüber ist, sondern etwas Anvertrautes, von dem man selbst ein Teil ist. Bienen lehren uns, dass wir, wie Albert Schweitzer es ausdrückte, Leben sind inmitten von Leben, das leben will.

Und enthält die besondere Form des Zusammenlebens, die Bienen im Laufe der Evolution entwickelt haben, nicht sogar eine Botschaft? Vermitteln Bienen nicht eine Idee davon, wie das Leben, wie das Zusammenleben sein könnte? Wir haben in diesem Buch vom Zusammenrücken der Bienen in der Wintertraube erzählt. Die Bienen bilden die Wintertraube auf den Waben, in denen sie den Honig bzw. das ihnen vom Imker gereichte Futter eingelagert haben. Hier bewegen sie sich nicht nur umeinander herum, sondern die Wintertraube als Ganze wandert im Laufe des Winters auch langsam durch die Speisekammer. Leer gefressene Zellen werden verlassen und auf die noch vollen wird nachgerückt. So bleiben die Bienen immer am Futter. Bienen, die auf ihrem Rundlauf in der Traube direkt auf die Futterwaben kommen, nagen die Wachsdeckel der Futterzellen ab (diesen findet der Imker als sogenanntes »Gemüll« im Frühjahr auf dem Kastenboden) und bedienen sich. Dann teilen sie aus. Denn nicht jede Biene wird direkt an eine Wabenzelle mit Futter herankommen können. Damit aber keine im Winter verhungern muss, füttern sich die Schwestern gegenseitig. Wer hat, der gibt ab. Immer. Und solange etwas da ist. Ein Bienenvolk verhungert darum nicht über Wochen hinweg, sondern innerhalb weniger Stunden. Es kennt keine Armen oder Schwachen, die, wenn die Nahrung knapp wird, nichts mehr bekommen, weil sie nicht stark, reich oder skrupellos genug sind, den anderen etwas wegzunehmen. Bienen kapitalisieren ihren Besitz nicht in den Händen weniger. Es wird geteilt, was da ist. Und wenn nichts mehr da ist, dann sterben alle. Für Imker und Imkerinnen kann das sehr erschütternd sein. Wer am Nachmittag eines Tages bemerkt, dass ein Volk futterlos ist und nicht sofort für Nachschub sorgt, der kann am Nachmittag des nächsten Tages ein Magazin aufmachen, in dem kein Leben mehr ist.

Die Wintertraube zeigt im Kleinen, was für die Bienen insgesamt gilt: Sie leben in einer Gemeinschaft der Gegenseitigkeit unbedingter Gabe. Nur weil alle für alle sorgen im »Wissen« darum, dass auch für sie gesorgt wird, wird ein Bienenvolk zum Superorganismus, zum »Bien«. Der Philosoph Josef Pieper hat auf die Frage, was Liebe ist, geantwortet: Liebe sei zu sagen »Gut, dass es dich gibt« und mehr noch, Liebe sei zu sagen »Du aber sollst nicht sterben«. Ist aus dieser Perspektive der Superorganismus »Bien« eine Verkörperung von Liebe? Ist das die Botschaft der Bienen? Uns eine Welt vor Augen zu führen, in der die Goldene Regel gelebte Wirklichkeit ist, nämlich dem anderen zuteil werden zu lassen, was man für sich selbst wünscht?

Die meisten Menschen, die intensiven Umgang mit Bienen pflegen, haben solche Gedanken. Und auch wenn imkerliches Pathos hier vielleicht etwas überzieht: Eine kleine Welt zu kennen, in der Gegenseitigkeit funktioniert, hilft, an einer Welt, die in immer egoistischerem Streben immer mehr auseinander zu fliegen scheint, nicht zu verzweifeln. Bienen geben Hoffnung und – sie machen glücklich.

DANK

Dieses Buch ist nicht allein unser Werk. Wir haben vielen zu danken, die uns an ihrem Wissen und Können teilhaben ließen, vielen, die uns ermutigt und unterstützt haben. So gilt unser gemeinsamer Dank den Menschen im Gütersloher Verlagshaus. Ralf Markmeier hat es als Verleger möglich gemacht, ein Buch, an dem ein Mitarbeiter mitschreiben wollte, ins Programm aufzunehmen. Nicole Neumann hat, geduldig bis an die Grenze des Möglichen, den wunderhübschen Satz besorgt. Sigrid Fortkord hat uns als Lektorin begleitet, beraten und ermutigt. Gudrun Krieger hat mit bekannter Sorgfalt die Korrekturen begleitet und alle GVHler haben dieses Projekt mit Enthusiasmus aufgenommen. Eure Begeisterung hat uns getragen!

Meiko Tautz danken wir dafür, dass er mit Ausnahme der Abb. 8, 13 und 16 alle anderen Grafiken in diesem Buch angefertigt hat.

Ich, Diedrich Steen, danke denen, die mir das Imkern beigebracht haben. Meinem Vater Dirk Steen, der von meinem Großvater Abram Strohschnieder drei Völker erbte und die Bienen so ins Haus holte. Dem verstorbenen Johann Noichl, der mich nach katastrophischen Anfängen auf den richtigen Weg brachte. Dr. Gerd Liebig, der mit seinem Buch »Einfach imkern« und bei mancher Begegnung diesen Weg befestigte. Ich danke Dr. Pia Aumeier, deren Kurse ich, wenigstens stückweise, immer einmal erlebe: Eine stetig fließende Quelle der Erkenntnis. Und ich danke Michael Schlangenotto, Bruno Gründtkemeier, Franz Austermann, Siegfried Timm, Reinhard Diekhans und Dr. Alexander Lojewski. Der stete Austausch mit Euch hat mich vor mancher imkerlichen Dummheit bewahrt. Ganz besonders aber danke ich meiner Frau Inge Böhnke-Steen. Sie hat mir meine ersten Bienen nicht nur – mehr oder weniger – geschenkt und erträgt – mehr oder weniger –, dass an Schleudertagen »alles klebt«. Sie hat mich auch zu diesem Buch ermutigt und ausgehalten, dass im zurückliegenden Jahr unsere gemeinsame Zeit nicht allein wegen Beruf und Bienen, sondern zusätzlich auch noch durch ein Buch geschmälert wurde.

Ich, Jürgen Tautz, danke all denen, die meine sehr späte Liebe zu den Honigbienen geweckt und danach ein Umfeld geboten haben, das die erwachte Faszination sich in Forschungsarbeiten entfalten ließ: Martin Lindauer für dessen sehr hinterlistiges Geschenk in Form eines Bienenvolkes und dem so nebenbei und augenzwinkernd ausgesprochenen Vorwurf, dass es ein großer Fehler eines Zoologen sei, sich nicht mit Honigbienen zu beschäftigen. Meiner Frau Rosemarie Müller-Tautz und meinen Kindern Meiko, Silke und Mona danke ich für deren, sehr zu meiner Verblüffung, bis heute nicht erlahmtes Verständnis für meine Arbeit und die nicht immer leicht zu ertragenden Auswirkungen auf die nächste Umgebung. All den Kollegen, Studierenden, Imkern und sonstigen Bienenfreunden, die sich angesprochen fühlen, danke ich für all die wunderbare Unterstützung und hilfreichen Beiträge, ohne die vieles nicht möglich gewesen wäre.

LITERATUR-, QUELLENNACHWEISE UND WEITERFÜHRENDE ARTIKEL

Barth, F. G.: Biologie einer Begegnung: Die Partnerschaft der Insekten und Blumen. Deutsche Verlags-Anstalt Stuttgart, 1982

Basile, R./Pirk, C. W./Tautz, J.: Trophallactic activities in the honeybee brood nest – Heaters get supplied with high performance fuel. ZOOLOGY 111, 433–441, 2008

Bauer, D./Bienefeld, K.: Hexagonal comb cells of honeybees are not produced by a liquid equilibrium process. Naturwissenschaften 100:45-49, 2013

Beye, M./Hasselmann, M.: Männchen, die keine Väter haben. Neues von der Geschlechterentwicklung am Beispiel der Biene. Biologen heute, 2, 3-9, 2004

Bock, F.: Untersuchungen zu natürlicher und manipulierter Aufzucht von Apis mellifera: Morphologie, Kognition und Verhalten. Dissertation Universität Würzburg, 2005

Bujok, B.: Thermoregulation im Brutbereich der Honigbiene Apis mellifera carnica. Dissertation Universität Würzburg, 2005

Chittka, L./Tautz, J.: The spectral input to the honeybee visual odometry. Journal of Experimental Biology 206, 2393-2397, 2002

Clarke, D./Whitney, H./Sutton, G./Robert, D.: Detection and Learning of Floral Electric Fields by Bumblebees. Science 340, 66-69, 2013 (doi 10.1126/science.1230883)

Dawkins, R.: Das egoistische Gen. Springer Berlin, Heidelberg, New York, 2014

De Marco, R. J./Gurevitz, J. M./Menzel, R.: Variability in the encoding of spatial information by dancing bees. The Journal of Experimental Biology 211, 1635-1644, 2008

Deutscher Imkerbund e.V.: Jahresbericht 2015/2016, Wachtberg, 2016

Dyer, A. G./William, S. K.: Mechano-optical lens array to simulate insect vision photographically. The Imaging Science Journal, 53, 209-213, 2005

Esch, H. E./Burns, J. E.: Honeybees use optic flow to measure the distance of a food source. Naturwissenschaften, 82, 28-40, 1995

Esch, H. E./Zhang, S/Srinivasan, M. V./Tautz, J.: Honeybee dances communicate distances measured by optic flow. Nature, 411, 581-583, 2001

Esch, H.: Über die Schallerzeugung beim Werbetanz der Honigbiene. Z. vergl. Physiol. 45, 1-11, 1961

Fehler, M./Kleinhenz, M./Klügl/Puppe, F./Tautz, J.: Caps and gaps: a computer model for studies on brood incubation strategies in honeybees (Apis mellifera carnica). Naturwissenschaften 94, 675-680, 2007

Ferrari, T. E./Tautz, J.: Severe Honey Bee (Apis mellifera) Losses Correlate with Geomagnetic Disturbances in Earth's Atmosphere, J. Astrobiology, 134, 2015

Fischer, J. K./Müller, T./Spatz, A.-K./Greggers, U./Grünewald, B./Menzel, R.: Neonicotinoids Interfere with Specific Components of Navigation in Honeybees, PlosOne 2014 (doi org/10.1371/journal.pone.0091364)

Friedmann, G.: Bienengemäß imkern – das Praxishandbuch. BLV Buchverlag München, 2016

Frisch, K. von: Tanzsprache und Orientierung der Bienen. Springer Berlin, Heidelberg, New York, 1965

Frisch, K. von/Jander, R.: Über den Schwänzeltanz der Bienen. Vgl. Physiol. 40, 239-263, 1957

Frisch, K. von/Lindauer, M.: Aus dem Leben der Bienen. Springer Berlin, Heidelberg, New York, 1993

Fröhlich, B./Tautz, J. /Riederer, M.: Chemometric classification of comb and cuticular waxes of the honeybee Apis mellifera carnica. J.Chem. Ecol. 26, 123-137, 2000

Gätschenberger, H./Azzami, K./Tautz, J./Beier, H.: Antibacterial immune competence of honey bees (Apis mellifera) is adapted to different life stages and environmental risks. PloSOne 8, e66415, 2013

Gould, J. L.: Honey bee communication: The dance-language controversy. PhD thesis, Rockefeller University New York 1975

Greggers, U./Koch, G./Schmidt, V./Dürr, A./Floriou Servou, A./ Piepenbrock, D./Göpfert, M. C./Menzel, R.: Reception and learning of electric fields in bees. Proc.R.Soc. B 280, 2013 (doi 10.1098/rspb.2013.0528)

Gross, H. J./Pahl, M./Si, A./Zhu, H./Tautz, J./Zhang, S.: Number-Based Visual Generalisation in the Honeybee. PLoS ONE 4(1) 2009, (doi 10.1371/journal.pone.0004263)

Gymnasium Wendelstein: Schwänzeltanz und Brauseflug – Kommunikation der Bienen im Stock und an der Futterstelle. Ein Beitrag zur Überprüfung einer Darstellung auch in Schulbüchern. Wettbewerbsbeitrag für »Jugend forscht« 2017

Hamilton, W. D.: Narrow roads of Gene Land. Vol. 1 Evolution of social behavior. Oxford University Press 1996

Heinrich, B.: The hot-blooded insects. Strategies and mechanisms of thermoregulation. Springer Berlin, Heidelberg, New York, 1993

Hepburn, R.: Honeybees and wax. Springer Berlin, Heidelberg, New York, 1986

Herold, E./Weiß, K.: Neue Imkerschule. Theoretisches und praktisches Grundwissen, 9. Auflage, München, 1995

Heuvel, B.: (2013a) www.immenfreunde.de/docs/Stockklima.pdf

Heuvel, B.: (2013b) www.immenfreunde.de/docs/Stockluft.pdf

Hoppenhaus, K.: Die Biene und das Biest, Die Zeit, Nr. 44/2011, 49f.

Kaiser, W.: Busy bees need rest, too: Behavioural and electromyographical sleep signs in honeybees. J. Comp. Physiol. A 163, 565-584, 1988

Karihaloo, B./Zhang, K./Wang, J.: Honeybee combs: how the circular cells transform into rounded hexagons. Journal of The Royal Society Interface 10. 2013 (doi 10.1098/rsif.2013.0299)

Klein, B. A. /Seeley, T. D.: Work or sleep? Honeybee foragers opportunistically nap during the day when forage is not available. Anim. Behav. 82, 77-83. 2011

Klein, B. A./Stiegler, M./Klein, A./Tautz, J.: Mapping sleeping bees within their nest: spatial and temporal analysis of worker honey bee sleep. PloSONE, 2014 (doi.org/10.1371/journal.pone.0102 316)

Kleinhenz, M.: (2008) Die Wärmeübertragung im Brutbereich der Honigbiene (Apis mellifera). Dissertation Universität Würzburg, 2008

Kreutzer, U.: Karl von Frisch. Eine Biografie. München, 2010.

Landgraf, T./Rojas, R./Nguyen, H./Kriegel, F./Stettin, K.: Analysis of the Waggle Dance Motion of Honeybees for the Design of a Biomimetic Honeybee Robot. PLoS ONE; 6, 1-10, 2011 (doi norg/101371/journal.pone.0021354)

Lindauer 1985: Martin Lindauer beschreibt sein Experiment als »Lindauer unpublished« auf Seiten 138 und 139 in Hölldobler B, Lindauer, M.: Fortschritte Zoologie 31, 1985

Lindauer, M.: Ein Beitrag zur Frage der Arbeitsteilung im Bienenstaat. Z. vergl.Physiol. 34, 299-345, 1952

Lindauer, M.: Schwarmbienen auf Wohnungssuche. Vgl. Physiol. 37, 263-324, 1955

Lindauer, M.: Temperaturregulierung und Wasserhaushalt im Bienenstaat. Z. vergl. Physiol., 36, 391-432, 1954

Lindauer, M.: Verständigung im Bienenstaat. G.Fischer Stuttgart, 1975

Lunau K./ Verhoeven, Chr.: Wie Bienen Blumen sehen - Falschfarbenaufnahmen von Blüten. Biol. Unserer Zeit, 2/2017

Maeterlinck, M.: Das Leben der Bienen. Eugen Diederichs Jena, 1919

Martin, H./Lindauer, M.: Sinnesphysiologische Leistungen beim Wabenbau der Honigbiene. Vgl. Physiol. 53,372-404,1966

Martin, H.: Zur Nahorientierung der Biene im Duftfeld, zugleich ein Nachweis für die Osmotropotaxis bei Insekten. Z. vergl.Physiol. 48, 481-533, 1964

Melcher, J./Krämer, M./Heinrich, J./Günster/J., Tautz, J.: »Verfahren zur Herstellung keramischer Konstruktionselemente im Nano- bis Zentimeter-Bereich«, German Patent DE 10 2005 025367.9, 2005

Menzel, R./Eckoldt M.: Die Intelligenz der Bienen. Wie sie denken, planen, fühlen und was wir daraus lernen können. Knaus München, 2016

Menzel, R./Kirbach, A./Haass, W.-D./Fischer, B./Fuchs, J./ Koblofsky, M./Lehmann, K./Reiter, L./Meyer, H./Nguyen, H./ Jones, S./Norton, P./Greggers, U.: A Common Frame of Reference for Learned and Communicated Vectors in Honeybee Navigation. Current Biology 21, 645-650, 2011 (doi 10.1016/j.cub.2011.02.039)

Moritz, R. F. A./Southwick, E. E. (1992): Bees as superorganisms. An evolutionary reality. Springer Berlin, Heidelberg, New York, 1992

Münstedt, K./Hofmann, S./Münstedt, K. P.: Bienenprodukte in der Medizin. Apitherapie nach wissenschaftlichen Kriterien bewertet. Aachen, 2015.

Neumann, P./Blacquiere, T.: The Darwin cure for apiculture? Natural selection and managed honey bee health. Evolutionary Applications , 1-5, 2016

Nitschmann, J./Hüsing, O. J.: Lexikon der Bienenkunde. Tosa Wien, 2002

Novottnick, C.: Die Honigbiene. Die neue Brehm Bücherei. Westarp Wissenschaften Magdeburg, 2004

Pahl, M./Tautz, J./Zhang, S.: Honeybee cognition. in: Behavior: Evolution and mechanisms (edit.P.Kappeler), Springer Berlin, Heidelberg, New York, 2010

Pahl, M./Zhu, H./Pix, W./Tautz, J./Zhang, S. W.: Circadian timed episodic-like memory – a bee knows what to do when, and also where. Journal of Experimental Biology 210: 3559–3567, 2007

Pieper, J.: Über die Liebe. Kösel München, 2014

Pirk, C. W. W./Hepburn, H. R./Radloff, S. E./Tautz, J.: Honeybee combs: construction through a liquid equilibrium process? Naturwissenschaften 91: 350-353, 2004

Pirk, C. W. W./Neumann, P./Hepburn, H. R./Moritz,R. A,/ Tautz, J.: Egg viability and worker policing in honeybees. Proc.Nat.Acad.Sci.USA 101, 8649-8651, 2004

Reynolds, A. M./Swain, J. L./Smith, A. D./Martin, A. P./ Osborne, J. L.: Honeybees use a Levy flight search strategy and odour-mediated anemotaxis to relocate food sources. Behavioral Ecology and Sociobiology 64, 115-123, 2009

Riley, J. R./Greggers, U./Smith, A. D./Reynolds, D. R./Menzel, R.: The flight paths of honeybees recruited by the waggle dance. Nature 435, 205-207, 2005

Rohrseitz, K.: Biophysikalische und ethologische Aspekte der Tanzkommunikation der Honigbiene (Apis mellifera Pollm.). PhD Thesis Universität Würzburg, 1998

Ruttner, F.: Naturgeschichte der Honigbienen. Ehrenwirth München, 1992

Sandeman, D. C./Tautz, J./Lindauer, M.: Transmission of vibration across honeycombs and its detection by bee leg receptors. J.exp.Biol. 199, 2585-2594, 1996

Schiffer, T.: Beenature Projekt zur Erforschung des Bücherskorpions in der Imkerei. http://beenature-project.com, 2017

Schneider, C. H./Tautz, J./Grünewald, B./Fuchs, S.: RFID Tracking of Sublethal Effects of Two Neonicotinoid Insecticides on the Foraging Behavior of Apis mellifera. PLoS ONE 7(1) 2012 (doi:10.1371/journal.pone.0030023)

Seeley, T. D., Kleinhenz, M., Bujok, B., Tautz, J.: Thorough warm-up before take-off in honey bee swarms. Naturwissenschaften 90, 256-260, 2003

Seeley, T. D./Tautz, J.: Worker piping in honey bee swarms and its role in preparing for liftoff. J.comp.Physiol.187, 667-676, 2001

Seeley, T. D.: Bienendemokratie – Wie Bienen kollektiv entscheiden und was wir davon lernen können. Stuttgart, 2014

Seeley, T. D.: Honeybee Ecology: A Study of Adaptation in Social Life. Princeton University Press Princeton, 1985

Seeley, T. D.: Honigbienen. Im Mikrokosmos des Bienenstocks. Birkhäuser Basel, Boston, Berlin, 1997

Seeley, T. D.: The Wisdom of the Hive: The Social Physiology of Honey Bee Colonies. Harvard University Press Cambridge, 1995

Simone-Finstrom, M./Spivak, M.: Propolis und Bienengesundheit: Die Naturgeschichte und die Bedeutung des Gebrauchs von Pflanzenharzen durch Bienen. Apidologie, 41, 295 -311, 2010

Srinivasan, M./Zhang, S. W./Altwein, M./Tautz, J.: Honeybee navigation: Nature and calibration of the »odometer«. Science, 287, 851-853, 2000

Storm, J.: The dynamics and flow field of the wagging dancing honeybee. PhD Thesis, Odense University Denmark, 1998

Strehle, M./Jenke, F./Fröhlich, B./Tautz, J./Riederer, M./ Kiefer, W./Popp, J.: A Raman-spectroscopic study of their spatial distribution of propolis in the comb of Apis mellifera carnica. BIOSPECTROSCOPY 72, 217-224, 2003

Su, S./Albert, S./Zhang, S./Maier, S./Chen, S./Du, H./Tautz, J.: Non-destructive genotyping and genetic variation of fanning in a honey bee colony. J Insect Physiol. 53, 411-417, 2007

Tautz, J./Rohrseitz, K.: What attracts honeybees to a waggle dancer? J. comp. Physiol. A 183, 661-667, 1998

Tautz, J./Lindauer, M.: Telefonnetz und chemisches Gedächtnis: Wachs als vielseitiges Kommunikationsmedium der Honigbiene. Akademie-Journal (Mainz), 1, 15, 1999

Tautz, J./Markl, H.: Caterpillars detect flying wasps by hairs sensitive to airborne vibration. Ecol. Sociobiol. 4, 101-110, 1978)

Tautz, J., Rostas, M.: Honeybee buzz attenuates plant damage by caterpillars. Current Biology 18, R1125-R1126, 2008

Tautz, J./Sandeman, D. C.: Recruitment of honeybees to non-scented food sources. Journal of Comparative Physiology A 189 (4), 293-300, 2002

Tautz,J./Rohrseitz,K./Sandeman,D.C.: One-strided waggle dance in bees. Nature 382, 32, 1996

Tautz, J./Zhang, S./W., Spaethe, J./Brockmann, A./Si, A./Srinivasan, M.: Honeybee odometry: Performance in varying natural terrain. PLoS Biol. 2, 915-923. 2004

Tautz, J.: Das Festnetz der Bienen. Spektrum der Wissenschaft August 2002, 60-66, 2002

Tautz, J.: Der Bien – Superorganismus Honigbiene.

2 Audio-CDs, 144 Minuten + Fotobooklet, (Regie: Klaus Sander). Köln: supposé 2007

Tautz, J.: Die Erforschung der Bienenwelt. Neue Daten – neues Wissen. Klett MINT Verlag 2015

Tautz, J.: Phänomen Honigbiene. Spektrum Akademischer Verlag, 2007

Thom, C./Seeley, T. D./Tautz, J.: A scientific note on the dynamics of labor devoted to nectar foraging in a honey bee colony: number of foragers versus individual foraging activity. Apidologie 31, 737-738, 2000

Tison, L./Hahn, M. L./Holtz, S./Rößner, A./Greggers, U./ Bischoff, G./Menzel, R. (2016): Honey bees' behavior is impaired by chronic exposure to the neonicotinoid thiacloprid in the field. Environ Sci Technol, 2016 (doi 10.1021/acs.est.6b02658)

Tourneret, E./de Saint Pierre, S.: Die Wege des Honigs. Ulmer Stuttgart, 2017

Tribe, G./Tautz J./Sternberg K./Cullinan J. (2017): Firewalls in bee nests – survival value of propolis walls of wild Cape honeybee (Apis mellifera capensis). Sci Nat, 2017, 104:29 (doi 10.1007/s 00114-017-1449-5)

Wehner, R.: Polarization vision – a uniform sensory capacity? J.exp.Biol. 204: 2589-2596, 2001

Weidenmüller, A./Kleineidam, C./Tautz, J.: Collective control of nest climate parameters in bumblebee colonies. Anim. Behav. 63, 1065-1071, 2002

Weippl, T.: Archiv für Bienenkunde 9, 70-79, 1928

Wenner, A. M./Wells, P. H.: Anatomy of a controversy: The question of a dance »language« among bees, Columbia University Press New York, 1990

Winston, M.: The biology of the honey bee. Harvard university press, Cambridge Mass., 1987

Wu, W./Moreno, A. M./Tangen, J. M./Reinhard, J.: Honeybees can discriminate between Monet and Picasso paintings, J Comp Physiol A (2013) 199:45-55. (doi 10.1007/s00359-012-0767-5)

Yeshkov, Y. K./Sapozhnikov, A. M.: Mechanisms of generation and perception of electric fields by honey bees. Biofizika 21, 1097-1102, 1976

Zhang, S./Schwarz, S./Pahl, M./Zhu, H./Tautz, J.: Honeybee memory: A Honey bee knows what to do and when. J.exp.Biol.209, 4420-4428, 2006

INTERNETRESSOURCEN

www.buckfastimker.de
www.carnica-zucht.at
www.deutscherimkerbund.de
www.die-honigmacher.de
www.freethebees.ch
www.geo.de/natur/tierwelt/11974-bstr-bienensterben-ausflug-ohne-wiederkehr
www.hobos.de
www.nordbiene.de

VIDEO-LINKS

Klein, B.: Thermal Society: Eine Serie von Sequenzen (Gesamtlänge 5 Minuten 55 Sekunden) zur Nutzung von Wärme im Bienenvolk, 2012 http://www.youtube.com/watch?v=iYr158rwLBI

Videos des HOBOS-Teams zu den Landeanflügen erfahrener Sammelbienen: Brauseflug einer Tänzerin unter http: www.hobos.de/de/Film1

Ruhige und rasche Landung ohne vorherige Tänze unter http: www.hobos.de/de/Film2

www.bienenjournal.de/mediathek-service/filme/schlafende-honigbienen/warum-schlafen-bienen/

REGISTER

Bild 1 Magazinbeuten als Bienenwohnungen. Typisch ist die Freilandaufstellung – die Honigfabriken benötigen kein Bienenhaus, man kann sie leicht transportieren und mit den Bienen verschiedene Trachten anwandern. Ein Magazin besteht aus einem Bodenbrett mit Flugloch, zwei bis vier Zargen und einem Deckel. Das Absperrgitter (vgl. Bild 17) unterteilt die Beute in einen Brutraum und einen Honigraum darüber.

Bild 2 Ausschnitt aus einer Brutwabe mit verschiedenen Entwicklungsstadien der Bienenbrut (links). Im oberen Bereich schon verdeckelte Zellen und Larven kurz bevor sie zu Streckmaden werden und sich – nach der Verdeckelung der Zellen durch Ammenbienen – verpuppen. Darunter jüngere Maden, in der untersten Zellreihe Eier. Rechts eine größere Brutfläche mit verdeckelter Brut. Darüber sind der Honig- und Pollenkranz zu erkennen.

© Dragsisa Savic – Fotolia.com

Bild 3 Hier hat die Königin die Brutzellen soeben »bestiftet«, d.h. Eier am Boden einer Zelle abgesetzt.

© vkara – Fotolia.com

Bild 4 Ein Rähmchen mit auf Drähten eingeschweißter Mittelwand. Auf dem Bild unten sind die Kolonnen der Baubienen schon dabei, den Wabenbau zu errichten.

© droth7 – Fotolia.com

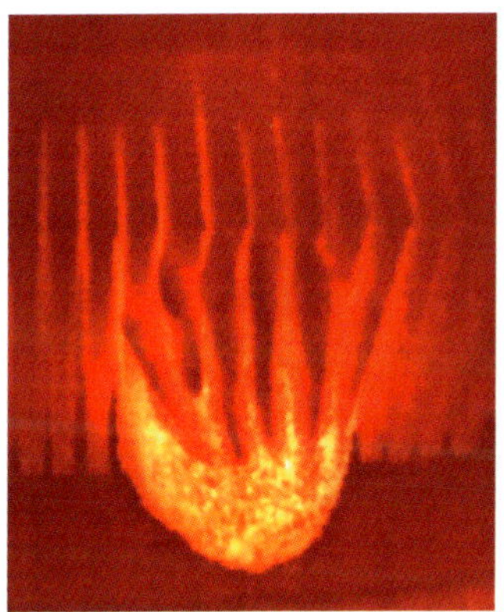

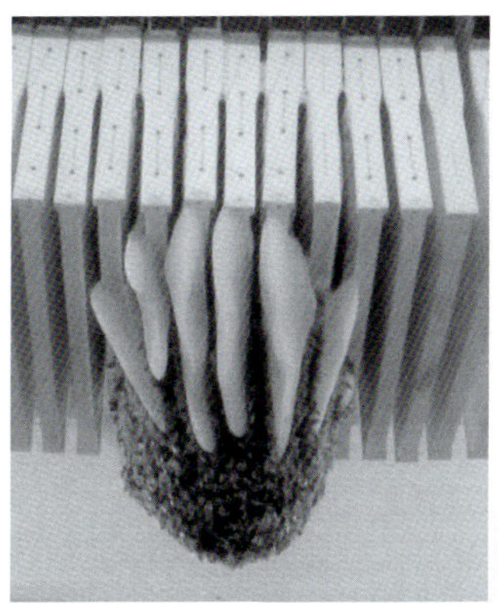

Bild 5 HOBOS (Honeybee online studies) ist eine Internetplattform, die es ermöglicht, lebende Bienenvölker mit modernen technischen und digitalen Möglichkeiten zu beobachten und zu untersuchen. Dafür sind derzeit drei Bienenvölker eingerichtet: Smart HOBOS bei AUDI in Münchsmünster, beecareful HOBOS bei den Schwartau Werken in Bad Schwartau und ein HOBOS Bienenvolk an der Universität Würzburg. Die Plattform steht unter www.hobos.de über das Internet jedermann für eigene Forschungen und Lehrtätigkeit frei zur Verfügung.

Die Fotos oben zeigen mit HOBOS-Daten in Form von snapshots vom Bildschirm aufgenommene Bilder einer Wintertraube, links als Wärmebild, rechts als normales Videobild. Unten dasselbe Volk im Sommer.

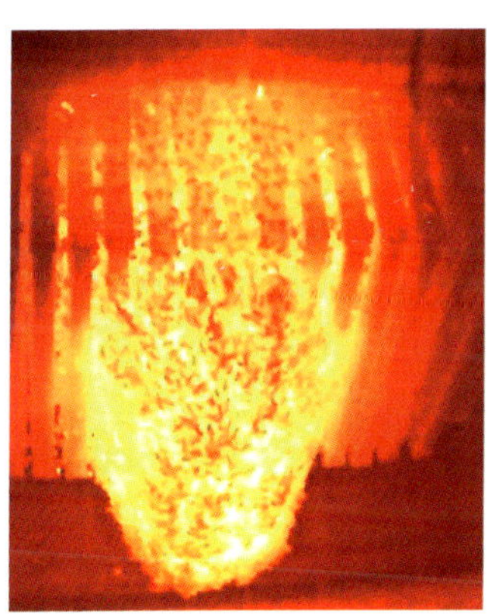

Bild 6 Die männliche Biene, der Drohn, hat keinen Stachelapparat. Sein voluminöser Hinterleib beherbergt den Paarungsapparat und die Hoden. Drohnen müssen begattungswillige Königinnen finden – und haben entsprechend große Augen.

Bild 7 Ammenbienen pflegen eine Königinnenlarve in einer Nachschaffungszelle. Deutlich sichtbar ist die Vertiefung, die die Bienen auf der Wabe geschaffen haben, um diese besondere Königinnenwiege zu errichten.

Bild 8 Bienenkönigin mit Hofstaat. Die zweite Biene von oben am rechten Bildrand ist soeben geschlüpft: Sie hat noch ihr volles Haarkleid. Die Biene links oben ist älter und hat schon eine kleine »Glatze«. Vermutlich ist sie schon keine Ammenbiene mehr und hier nur zufällig aufs Bild geraten.

Bild 9 Die bunte Farbenwelt der Blüten und die Fähigkeit der Bienen, diese auch zu sehen, ist als Co-Evolution entstanden. Der Mensch sieht Farben aus den Farbbereichen blau, grün und rot. Wir sehen die Blüten des Fingerkrautes wie oben im linken Bild dargestellt. Honigbienen sehen die Farbpalette blau, grün und ultraviolett und das Fingerkraut darum wie oben im rechten Bild dargestellt.

Fotografiert man das Fingerkraut ausschließlich durch einen UV-Filter im Wellenlängenbereich 350-400 nm und überträgt das dabei entstehende Muster in den für Menschen sichtbaren Bereich, erscheint die Pflanze so, wie unten links vorgestellt. Sowohl oben rechts als auch unten links taucht im Zentrum der Blüten ein Muster auf, das uns Menschen verborgen ist.
Im raschen Flug arbeiten bei Bienen nur die Sinneszellen im Auge, die auf die Farbe Grün reagieren. Dann erscheint das Fingerkraut wie im Bild unten rechts als gleichmäßig weiße Fläche. Die Blüten verschwinden zwar nicht im Blattgrün der Umgebung, da sie deutlich heller sind, aber unterschiedliche Blüten sind so gut wie nicht mehr an ihrer Farbe unterscheidbar (siehe dazu auch die Homepage http://bienenfarben.blogspot.de/).

Bild 10 Fotografiert man durch ein Bündel dicht gepackter Strohhalme hindurch, erhält man ein Bild, das einen Eindruck davon wiedergibt, wie die Sehwelt der Bienen beschaffen ist (Dyer & William 2005). Jedes einzelne Ommatidium des Komplexauges gibt einen einzigen gleichmäßigen Bildpunkt wieder. Aus nächster Nähe sind nur bunte Scheibchen zu sehen, die mit wachsender Entfernung ineinanderfließen und das Motiv zu erkennen geben.

Bild 11 Hat eine Biene einen Menschen gestochen, kann sie den Stachel nicht zurückziehen. Im Wegfliegen reißt sie sich den Stachelapparat aus dem Hinterleib. Die Biene stirbt.

Bild 12 Blöcke aus eingeschmolzenem Wachs, das wieder zu Mittelwänden verarbeitet werden kann. Die dunkleren Blöcke haben einen höheren Anteil an Wachs aus Altwaben, die helleren einen höheren Anteil an Entdeckelungswachs.

© photocrew – Fotolia.com

Bild 13 Produkte der Honigfabrik: Propolis (»Kittharz«/oben), Perga (Bienenbrot/links) und Pollen (Blütenstaub/rechts)

© Christian Pedant – Fotolia.com

Bild 14 Eine Biene an einer Blüte der Saalweide. Die Saalweide bietet den Bienen die erste Pollentracht für den Bruteinschlag im Frühjahr. Deutlich erkennbar die Pollenhöschen an den Hinterbeinen.

Bild 15 Honig ist nicht gleich Honig – die verschiedenen Sorten unterscheiden sich in Farbe, Geschmack und Konsistenz.

Bild 16 An einem Bienenvolk in einer Baumhöhle werden Dauermessungen zum Verlauf von Temperatur und Luftfeuchte im Inneren des Baumes und in der Außenwelt durchgeführt.

Bild 17 Bienen auf einem Absperrgitter. Nur die Arbeiterinnen können durch das Gitter hindurch in den Honigraum gelangen.

Bild 18 Eine Wabe mit reifem Honig wird für die Schleuderung vorbereitet. Mit Hilfe der Entdeckelungsgabel werden die Wachsdeckel, mit denen die Bienen die Honigzellen verschlossen haben, entfernt. Das Entdeckelungswachs wird später eingeschmolzen (vgl. Bild 12).

Bild 19 Entdeckelte Honigwaben im Schleuderkorb (oben). Der geschleuderte Honig läuft aus der Schleuder durch ein Doppelsieb und ein Siebnetz in den Honigeimer (unten). Gut erkennbar ist der Schaum, der sich auf dem Honig bildet.

© Darios – Fotolia.com

© shoot4pleasure10 – Fotolia.com

Bild 20 Einfütterung im Spätsommer mit einem Futtereimer in einer Leerzarge (links), mit einer Futtertasche (rechts) oder mit einer Futterzarge (unten). Immer wird das Futter im Bienenkasten und so gegeben, dass es nur das Volk erreichen kann, für das es bestimmt ist. Ist Futter frei zugänglich, dann kommt es im Spätsommer immer zu Räuberei. Übrigens: Das Futtergeschirr sollte stets sauber sein und nicht so schmuddelig wie die Futterzarge unten.

© shoot4pleasure10 – Fotolia.com

Bild 21 Die Bienen wollen schwärmen! Links eine noch offene Schwarmzelle am Rand einer Brutwabe. Hier ist der Schwarm noch nicht weggeflogen. Rechts eine schon verdeckelte Schwarmzelle. Wenn noch Eier in Zellen zu finden sind, ist die Königin noch da. Wenn keine Eier mehr im Volk sind, dann ist der Schwarm schon »gefallen«, wie Imker sagen.

Bild 22 Ein Schwarm hängt in einem Busch und wird vom Imker eingefangen (links). Auch wenn ein Schwarm eine beängstigende Lautstärke entwickeln kann: Schwarmbienen sind in der Regel sehr friedfertig (rechts).

Bild 23 Mit dem Umlarvlöffel wird jüngste Brut in künstliche Weiselnäpfchen gelegt (links) und mit einem Zuchtrahmen in ein weiselloses Volk gegeben. Die Bienen haben die Larven angenommen und schöne Königinnenwiegen gepflegt (rechts).

Bild 24 Varroa destructor, die Varroamilbe (links). Milben auf einer Biene im Puppenstadium (rechts).

Bild 25 Ein Leerrähmchen, das die Bienen mit einer Wabe, die nur Drohnenzellen hat, ausbauen. Mit Hilfe dieser »Fangwaben« gelingt es, den Milbendruck in einem Bienenvolk im Sommer nicht zu groß werden zu lassen.

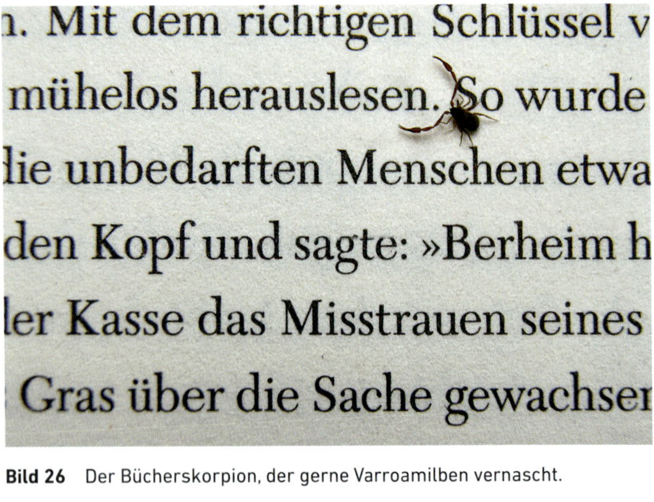

Bild 26 Der Bücherskorpion, der gerne Varroamilben vernascht.